中国旅游智库景观设计文库

本书是广西高等教育本科教学改革工程项目“地方理工院校大学生人文素质教育研究与实践”（项目编号：2017JGZ127）、广西自然科学基金项目“桂北民族旅游村寨景观意象及其营造方法研究”（2018GXNSFAA050068）、广西高等教育本科教学改革工程项目“基于翻转课堂的《园林设计初步》课程教学改革与实践”（2019JGB211）、广西自然科学基金青年项目“基于民族植物学知识的桂北传统村落植物景观研究”（2018JJB130217）、桂林理工大学2019年本科教学建设与改革项目“园林美术2（色彩）”（JXZH201930）、“基于‘专创融合’理念的园林美术课程教学改革与实践”（2020JGB207）的阶段性成果。

景园匠心：
风景园林色彩基础

主　编　韩　冬　丛林林　郑文俊
副主编　胡金龙　巫柳兰　康秀琴
　　　　陈　曦　孙雅沄　周菡菡

华中科技大学出版社
http://www.hustp.com
中国·武汉

图书在版编目（CIP）数据

景园匠心．风景园林色彩基础／韩冬，丛林林，郑文俊主编．—武汉：华中科技大学出版社，2020.7（2023.7重印）
（中国旅游智库景观设计文库）
ISBN 978-7-5680-6301-2

Ⅰ．①景…　Ⅱ．①韩…　②丛…　③郑…　Ⅲ．①园林设计－景观设计－色彩学　Ⅳ．①TU986.2

中国版本图书馆CIP数据核字(2020)第113323号

景园匠心：风景园林色彩基础　　韩　冬　丛林林　郑文俊　主编
Jingyuan Jiangxin: Fengjing Yuanlin Secai Jichu

策划编辑：李家乐　李　欢
责任编辑：李家乐
封面设计：原色设计
责任校对：曾　婷
责任监印：周治超
出版发行：华中科技大学出版社（中国·武汉）　电话：（027）81321913
　　　　　武汉市东湖新技术开发区华工科技园　邮编：430223
录　　排：华中科技大学惠友文印中心
印　　刷：广东虎彩云印刷有限公司
开　　本：880mm×1230mm　1/16
印　　张：11.25
字　　数：237 千字
版　　次：2023 年 7 月第 1 版第 5 次印刷
定　　价：79.80 元

出版说明

随着中国步入大众旅游时代，旅游产业成为国民经济战略性支柱产业。在社会、经济、体制转型之际打造中国旅游智库学术文库，可为建设中国特色新型智库做出积极贡献。中国旅游智库学术文库的打造，旨在整合旅游产业资源，荟萃国际前沿思想和旅游高端人才，集中出版和展示传播优质研究成果，为有力地推进中国旅游标准化发展和国际化进程，推动中国旅游高等教育进入全面发展快车道发挥助推作用。

“中国旅游智库学术文库”项目包括中国旅游智库学术研究文库、中国旅游智库高端学术研究文库、中国旅游智库企业战略文库、中国旅游智库区域规划文库、中国旅游智库景观设计文库五个子系列。总结、归纳中国旅游业发展进程中的优秀研究成果和学术沉淀精品，既有旅游学界、业界的资深专家之作，也有青年学者的新锐之作。这些著作的出版，将有益于中国旅游业的继续探索和深入发展。

华中科技大学出版社一向以服务高校教学、科研为己任，重视高品质学术出版项目开发。当前，顺应旅游业发展大趋势，启动“中国旅游智库学术文库”项目，旨在为我国旅游专家学者搭建学术智库出版推广平台，将重复的资源精炼化，将分散的成果集中化，将碎片化的信息整体化，从而为打造旅游教育智囊团，推动中国旅游学界在世界舞台上集中展示“中国思想”，发出“中国声音”，在实现中华民族伟大复兴“中国梦”的过程中，做出更具独创性、思想性及更高水平的贡献。

“中国旅游智库学术文库”项目共享思想智慧，凝聚学术力量。期待国内外有更多关心旅游发展，长期致力于中国旅游学术研究与实践工作研究的专家学者们加入到我们的队伍中，以“中国旅游智库学术文库”项目为出版展示及推广平台，共同推进我国旅游智库建设发展，推出更多有理论与实践价值的学术精品！

华中科技大学出版社

前　言

教育部《关于全面提高高等教育质量的若干意见》指出，提高人才培养质量是高校的首要工作。全国高等教育“十三五”规划纲要文件提出，应明确地方高校的办学定位，把办学思路真正转到服务地方经济社会发展上来，转到培养应用型技术技能型人才上来，转到增强学生就业创业能力上来。要提升地方高校办学水平，必须解决办学定位、学科专业特色问题，确保人才培养类型、层次与行业和区域发展需求紧密结合。桂林理工大学风景园林专业（原名景观学专业）于2007年开始招生，在借鉴国内相关高校成功办学经验的基础上，依托地域特点和传统学科优势，将风景园林规划设计与旅游规划策划高度融合，进行风景园林特色专业建设和复合型、应用型人才培养探索，经过多年的持续建设取得了一定的成效，人才培养质量逐步提升，办学特色日益鲜明。

本书主要汇编2011—2016年桂林理工大学风景园林专业部分竞赛获奖作品和优秀毕业设计作品。作品涵盖了公园景观规划设计、居住区景观规划设计、滨水景观规划设计、广场景观设计、旅游区规划设计以及景观生态修复等内容。相关作品充分体现我校“景观+旅游”融合发展的风景园林专业办学方向和具有旅游特色的风景园林应用型人才培养创新模式，集中展示桂林理工大学风景园林专业应用型人才培养的改革实践成果，反映了风景园林专业学生当前良好的学业水平。现结集出版，希望借此加强我校与全国风景园林专业同仁之间的交流。

本书的出版得到桂林理工大学教材建设基金资助出版和桂林理工大学风景园林一级学科建设经费资助出版。

由于作者水平和能力的限制，书中难免存在不妥之处，敬请广大读者批评指正。

编　者

2020年1月于桂林

目　录

第一章
色彩理论

第一节　色 彩 基 础

绘画中的色彩，我们首先要知道的就是三原色，也就是绘画色彩的始祖——红、黄、蓝（见图 1-1）。三原色指的是按照一定比例混合，可以得到其他色彩，但自身不能被其他色彩混合出的三种颜色。知道三原色还不够，我们还需要知道色彩的三要素，即色相、明度和纯度。

色相：指的是色彩的相貌，色相是色彩的基本特征，是我们区别不同颜色的依据。黑、白、灰是无彩色，因此无色相。

明度：指的是颜色的明暗深浅程度，无彩色和有彩色都有明度。

纯度：指的是颜色的饱和度。

根据图 1-1，每两种三原色重叠的部分我们得出一种新的颜色，这种颜色我们称为间色，间色是由两种原色混合而成的。

红 + 黄 = 橙

黄 + 蓝 = 绿

蓝 + 红 = 紫

原色和间色和成得到一种色叫作复色，复色又称三次色或者再间色，是指两个间色混合或者三个以上的原色混合而成的颜色，这样我们就得到一个色相环（见图 1-2）。

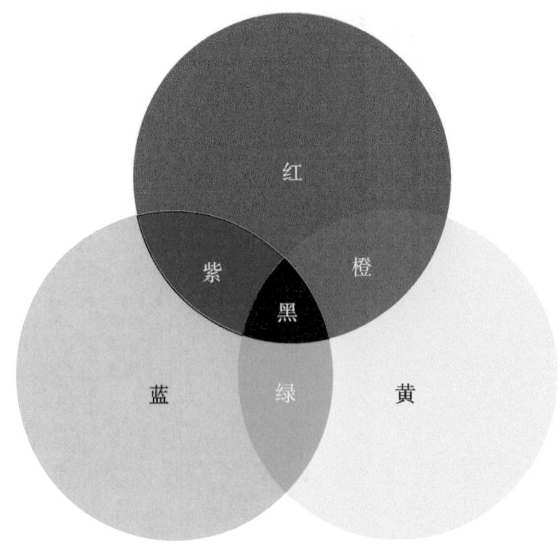

图 1-1　三原色

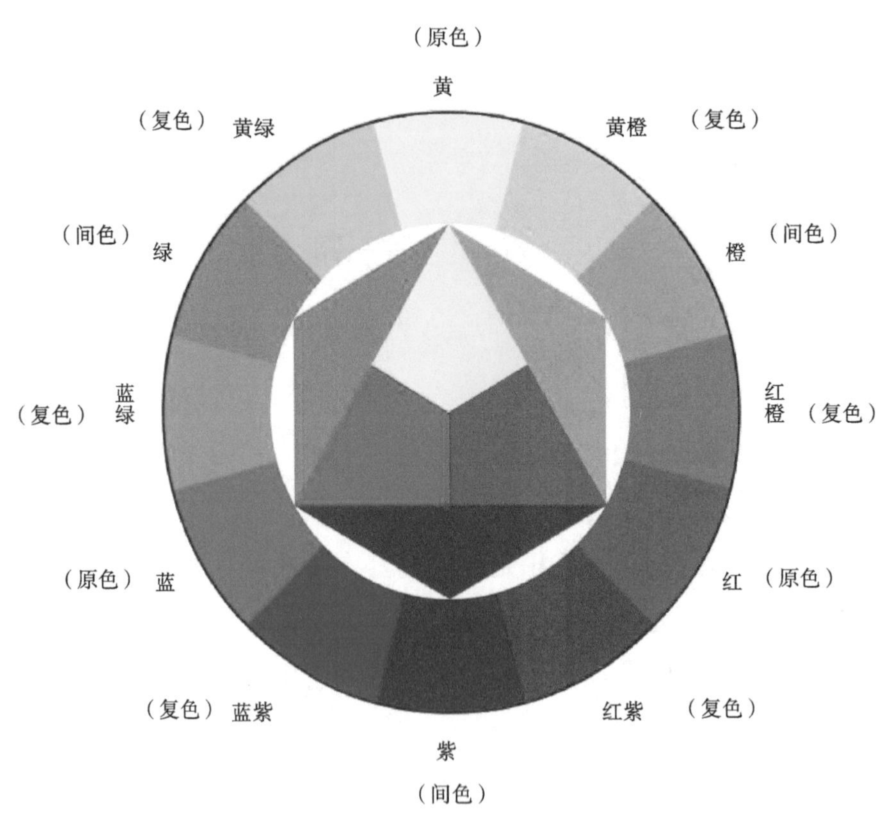

图 1-2　色相环

在色相环中，每相对的两个颜色我们称之为补色，也叫对色。常用的补色有：红—绿，橙—蓝，黄—紫。

在我们画色彩的过程中，上课老师通常会说这个颜色偏冷或者偏暖，色彩本身并无冷暖之分，所谓的色彩冷暖，是源自人们对生活的感受，属于情感方面的表现。色彩的冷暖关系是相对的。

红色、黄色、橙色等容易让人联想到太阳、火焰等，感觉温暖，所以称为暖色；蓝色、绿色等容易让人联想到冰雪、海洋等，感觉冰冷，所以称为冷色（见图 1-3）。

图 1-3　范例 1

有些颜色比较特殊，在冷色中又有暖色，暖色中又有冷色，例如紫色。红色和蓝色构成紫色。

色彩在不同环境的变化下会产生不同的色彩变化，如日光灯光线偏冷，火光为橙红色，不同的光源照射在物体上就会使物体变得偏冷或者偏暖，这种颜色我们称之为光源色，光源色在物体高光处表现得尤为突出。

固有色指的是物体本身的颜色，也就是我们平时所说的这个物体是什么颜色的。当光线照射在物体上，有一部分光被吸收掉，另一部分光被反射出来，这些被反射出来的光就是我们看到的物体的固有色。

环境色是植物体所处周围环境的颜色。自然界中，物体与环境是紧密相连的，物体的色彩会受到周围环境的影响，尤其是在暗部、反光部表现得更为明显（见图 1-4）。

无论画素描也好，画色彩也好，都离不开我们对事物的观察。物体的色彩不是孤立存在的，在写生时，我们要把物体与环境之间的色彩联系起来，相互比较，整体观察。目的是控制画面的基本色调与色彩的大关系，在这个观察的过程中，我们要对比物体之间的冷暖、明度、色调，还要对比物体的色相，只有这样我们才能更好地控制住画面的大关系，一幅好的作品离不开我们对事物仔细、深入的观察，更离不开我们的理论基础知识，只有理论基础知识充足，在绘画的过程中我们才能注意到问题，才知道问题出现在哪里，才知道如何改正。

图 1-4　范例 2

平时可以多临摹一些大师的作品，学习他人对颜色的控制和画面的把握，长期积累，绘画水平将会有质的飞跃。

第二节　景观色彩心理学和色彩文化内涵

色调经过巧妙搭配，瞬间呈现不同凡响的景观效果，每一位参观者都会被牢牢吸引，深深陶醉其中。美国《花园设计》杂志曾就绿、红、黄、黑、白、蓝、棕 7 种植物色调的应用问题采访了花园设计专家，并推出专题报道，以下就相关内容进行介绍。

绿色生机勃勃，春意无限。不论是从色调，还是造型上都丰富多样，在带来新鲜气息的同时，也为人们送来一丝荫凉。在色彩的普遍性中，荫蔽地区使用柠檬绿和黄绿色，可为幽暗的空间增添更多光彩，削弱黑暗给人的压抑感。例如：绿意浓浓的花园。

红色热烈奔放。在爱国主义教育中经常用红色来作为主色调，使人们充满激情和力量。红色的花卉与绿色植物搭配绝对会让你倍感亲切、自然。色彩经验告诉我们，红色容易吸引人们的注意力，因此，最好将其安排在植物景观的中间且比较靠近边沿的位置，而不要设置在隐蔽的角落边沿或距离视线较远的地方。例如：红色花卉、小品与绿色植物形成艳丽的景致。

黄色雍容华贵。在爱国主义教育中也经常用黄色代表崇高的精神境界，具有温暖的感受和向光性。色彩经验告诉我们，黄色同样是非常醒目的颜色，但是会使人安静。因此，很多人会将其大量应用在花园内。例如：以黄色为主色调的花园。

黑色神秘、深沉。黑色是颇有争议的颜色，但黑色可以平衡整个景观色调，可以突出其他颜色。例如，春天的深色树干与鲜嫩的绿叶（如樟树、黄葛榕），秋天的深色树干和黄色树叶（如银杏、乌桕），若与浅粉色或淡蓝色花卉组合，将形成对比鲜明的景观（如樱花、蓝花楹）。

白色纯净、高雅。色彩经验告诉我们，白色代表洁净，会让人感觉舒服。事实上，设计制作一座白色的花园是很有趣的构思，白色可以唤起人们对和平和简单生活的渴望。小型的白色花朵在与其他色彩组合时，可以起到提升局部景致的作用；而大片白色植物的使用，将给人强烈的冲击感。例如，以白色花卉构建的花园。

蓝色给人安静、深邃的感觉。因为很多花朵都以红色或黄色等暖色调为主，所以蓝色作为冷色调与暖色调花朵进行搭配，可以形成鲜明的对比，达到绚丽的效果。如在蓝色花卉中零星栽种深红色植物，或与带状杏黄色或浅黄色花卉间植，又或在旁边栽种大片白色花卉进行对比。例如，黄色的萱草花与蓝色的鸢尾花组合形成非常醒目的景致，若将黄色替换成银色、粉色或乳白色均可达到相同的效果。

棕色让人有生命正慢慢消逝的感觉。尽管棕色不是能够呈现绚丽景观的颜色，经常作为配色出现，但是，在冬季尤其是下霜之后，棕色上又会增添银色和灰色，进而使植物原本的颜色变得模糊不清，营造出别有情趣的景致。例如，下霜之后棕色的植会呈现奇妙的景观效果。

以上是画家和设计师们总结出来的普遍规律，针对的是大众的审美，绘画配色本身没有绝对性，每个人对色彩的搭配各有喜好，同时感受也各不相同，这些心理学规律和文化内涵仅供同学们参考。

第二章
风景园林元素色彩表现

第一节　园林景观植物色彩表现

一、园林景观单一植物色彩表现

植物在色彩表现上要注意对明暗的把握，第一遍要上浅颜色，可留出高光。第二遍上稍深的颜色，画出暗部并慢慢地转换成短线、细线或点状笔触过渡到亮部，注意要留住第一遍的颜色。最后可用更深的颜色画出明暗交界线处和靠近树干的枝叶（见图2-1）。

图2-1　注意明暗

铺大色后由深到浅逐渐完成（见图 2-2）。

图 2-2　铺大色后

画暗色的时候注意在画面中的疏密关系，树枝进出要自然（见图 2-3）。

图 2-3　画暗色

初学者在单独植物练习的时候用色不要太复杂，在一种颜色的基础上分出三四个明暗即可。为了画面的活跃，应注意大小笔触的变化（见图 2-4）。

（1）

（2）

（3）

图 2-4 单独植物刻画

当你对单色植物的用色技巧逐渐掌握了之后，就可以逐渐增加植物的色彩，让它的颜色更加丰富。按照画面的情况，可以增加墨线来强调植物的形体。

二、园林景观组合植物色彩表现

植物组合上色注意乔、灌木的前后关系。先用浅色铺大色调（见图 2-5），确定主色调。前后植物的颜色注意冷暖关系。完善画面注意明暗，使空间的层次更加丰富，画面更加完善。植物刻画不仅仅是画色彩，同时也要刻画出它的体积（见图 2-6）。

色相、明度、纯度都是要仔细考虑的内容，在色彩绘画之前需要把这些要素在脑海中思考一遍，在绘画的过程中也需要及时调整，保证整体画面和谐统一的同时也要加入一些小的对比色彩。

整理调整。整理单体植物的明暗关系，调整各个物体的色彩，注意植物前后关系的处理（见图 2-7）。

图 2-5　铺大色调

图 2-6　增加素描关系

图 2-7　整理调整

植物组合上色步骤一（见图 2-8）：用大笔触先画远处的风景及天空，稍多一点水分，让色彩能够相互渗透，处理好空间关系，注意不要画得太深，等待纸面干透，用细笔画树干和近处的草丛。

图 2-8　植物组合上色步骤一

植物组合上色步骤二（见图 2-9）：大笔触画树叶，注意要成体积地刻画；加入前面草丛的细节。

图 2-9　植物组合上色步骤二

植物组合上色步骤三（见图 2-10）：深入刻画细节部分，增加画面的内容。

图 2-10　植物组合上色步骤三

三、园林景观组合植物色彩作业临摹

刚开始练习画场景时，颜色不必追求太丰富，但是一定要画出物体的体积感和画面的空间感。色彩的运用不必过于复杂，画面尽可能表现出黑、白、灰关系，把物体和空间的体积感塑造起来。图 2-11 所示为园林景观组合植物色彩作业临摹。

（1）

（2）

（3）

（4）

（5）

图 2-11　园林景观组合植物色彩作业临摹

针管笔线稿加水彩上色，可以先画线稿再上色，也可以先上色再画线稿，还可以两者同时进行。图 2-12 所示为一些范例。

（1）

（2）

（3）

（4）

图 2-12 针管笔线稿加水彩上色范例

第二节　园林景观山石、景墙色彩表现

一、园林景观山石色彩表现

山石多以灰色调为主，用笔需要考虑山石的形体，更好地表现其造型和质感，既有整体的大块面，又有微妙的小块面和裂缝的纹理。山石有的有棱角，有的光滑圆润，所以要注意用笔的排列方式（见图 2-13）。

图 2-13　山石形体表现

用一种较亮的灰色刻画出山石的大明暗关系，然后用浅一点的灰色在山石亮面加入过渡色，暗部加强明暗关系，画出地面及投影（见图 2-14）。

图 2-14　山石的大明暗关系

细致刻画山石表面的起伏感，让山石拥有更丰富的肌理，当山石明暗和肌理都刻画好之后，可以用罩色的方法来增加山石的色彩关系，丰富亮面、暗面、反光面的色彩，注意周边环境对山石的影响。

二、园林景观中太湖石色彩表现

太湖石的刻画重要的是它的形态。它的造型非常丰富，古时候用“皱、瘦、漏、透”这四个字来概括它的特点，它的千姿百态受到人们的喜爱（见图 2-15）。

太湖石作为风景园林中的重要置石，它的形态丰富增加了绘画的难度。在整体上，要考虑石材的固有色彩，也要注意整体的体积感；从局部来看，它的转折和起伏特别多，因此小的面积变化中也非常丰富，不同的转折面都会有不同的环境色彩，刻画的时候要特别注意表现出来。

（1）

（2）

图 2-15　太湖石的形态刻画

用中性的灰调先刻画其受光面，然后加重一些画出暗部，在受光面丰富其起伏感，画好受光面到高光的过渡，注意窟窿的形体变化（见图 2-16）。

图 2-16　太湖石刻画

用干的水彩笔笔尖着色，在石头表面点画出石头的侵蚀肌理，同时也用干笔画出洞边的起伏肌理，在明暗和肌理都处理好后，用罩色的方法加入石头的固有色和环境色。

三、园林景观组合色彩作业临摹

刻画组合场景的时候要注意不同材质的表达，同时也要分析和表现出不同物体色彩的相互影响。可以多画一些小的色彩速写来有针对性地练习色彩感觉、材质刻画、空间处理、冷暖关系等。图 2-17 所示为园林景观组合色彩作业临摹。

(1)

（2）

（3）

（4）

(5)

（6）

（7）

图 2-17 园林景观组合色彩作业临摹

第三节 园林景观水体色彩表现

一、园林景观静水色彩表现

静态水一般以留白为主，作为反射天光的处理，水池周边抹以少量蓝色，并画出周围景物的倒影。

铅笔起稿的时候需要注意透视和空间叠加关系，勾出物体的大概位置即可，不需要细致刻画（见图 2-18）。

图 2-18 铅笔起稿

远处山体用一些混合色，天空水分多一些开阔处理，进出植物铺好大的色块即可（见图 2-19）。

物体逐渐加重，处理出它们的体积感和前后空间关系，水面保持留白，等周边的物体成形后再去刻画（见图 2-20）。

图 2-19 初步描绘

图 2-20　逐渐加重

深入细致刻画，处理细节，上物体的重色是最后一步，位置要准确，要恰到好处，水面还是以留白为主，用大笔触画出物体的倒影，再用小笔触把倒影散开，做出水波状，水中倒影颜色的饱和度比岸上物体颜色的饱和度稍稍降低些（见图 2-21）。

图 2-21　深入细致刻画

二、园林景观跌水色彩表现

跌水在景观空间中的处理要注意动态水的水流和倒影的表现。效果图中的动态水可用蓝色表现水的立体形态，用白色表现溅起的水花。图 2-22、图 2-23 所示分别为刻画水的体积（注意留白）和周围环境上色。

图 2-22　刻画水的体积（注意留白）

图 2-23　周围环境上色

调整水体受到周围环境影响的色彩变化，同时刻画水体，透过去能隐隐约约地看到石头（见图 2-24）。

图 2-24　调整

三、园林景观水体色彩作业临摹

水本来没有颜色，都是受到外部环境的影响才有了色彩，因此可以等到周围的物体都刻画得差不多了再去刻画水体。图 2-25 所示为园林景观水体色彩作业临摹。

（1）

（2）

（3）

（4）

（5）

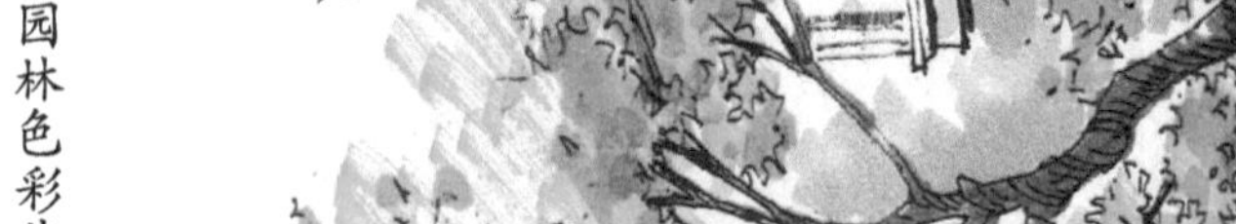

(6)

（7）

（8）

图 2-25　园林景观水体色彩作业临摹

第四节 园林景观构筑物色彩表现

景观构筑物在景观设计中被称为硬质景观环境元素，根据材质和形体的不同，表现形式也有所不同。比如弧形和方形在表现时，笔触要跟着形体的结构走，直线适合表现坚硬有棱角的造型；曲线适合表现柔软圆润的造型。又如石材和木材，干净利落的线条适合表现光滑的表面，并形成反光和倒影；干笔或断续的线条适合表现粗糙的表面。

一、园林景观台阶色彩表现

注意石头近大远小的透视关系，石头上面的细节不必过多刻画（见图 2-26）。

图 2-26 台阶石头近大远小

按照由近到远、由深到浅上色，要留住台阶上面的白，那是高光，这些白在画面的后期刻画会增减台阶的层次感，非常重要（见图 2-27）。

适当排列笔触刻画台阶的肌理效果，这时可以加一些石头的固有色来增加画面的色彩感（见图 2-28）。

图 2-27　上色

图 2-28 刻画台阶的肌理效果

继续深入刻画台阶表面的起伏感，刻画出石头丰富的肌理效果，石头和石头之间的缝隙虽然只是用重色刻画，但是要注意虚实关系，有强有弱，同时要注意调整台阶前后的色彩关系（见图 2-29）。

图 2-29　深入刻画

二、园林景观建筑色彩表现

建筑与园林景观的结合要因地制宜，力求与基址的地形、地势、地貌结合，做到总体布局上依形就势，并充分利用自然地形、地貌。建筑在园林景观的平面布局与空间处理上都力求活泼，富于变化。把建筑作为园林景观的一种风景要素来考虑，使之与周围的山水、岩石、树木等融为一体，共同构成优美、和谐的自然景观。

两个建筑的位置关系和路面形成的透视效果很重要，要画好（见图 2-30）。

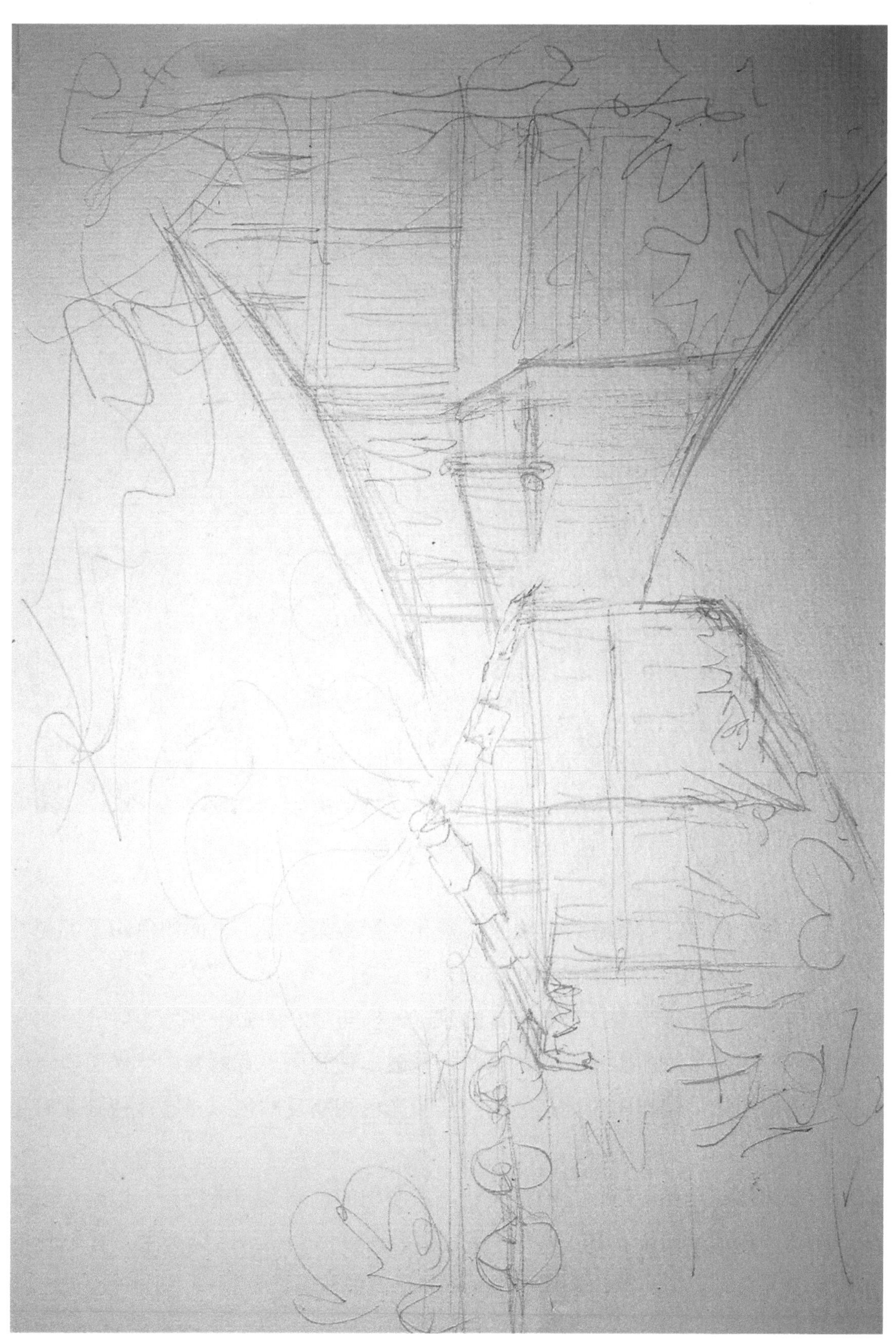

图 2–30 两个建筑物的位置关系

第一遍整体色彩只画物体的固有色即可，不用过多考虑物体的细节，用色相对浅一些，给后面深入刻画留有余地（见图 2-31）。

图 2-31　第一遍整体色彩

增加主体物的刻画，明确建筑的明暗关系和光影效果，屋子里面的色彩不要用纯黑，需要加入一些色彩进行调和（见图 2-32）。

整理刻画细节，建筑的木板需要丰富的色彩，板与板之间做一些色彩区分，这样更有趣味性，勾缝要注意虚实大小，适当做一些破损使画面更有内容，受光面建筑的色彩注意光感的变化，被光面的反光处加入与阳光色相相反的色彩，这样使画面有更好的冷暖变化。

加入色彩的时候需要保持画面的整体性，大面积的色彩要和谐统一，但是也需要补色进行对比，以活跃画面。图 2-33 所示的这幅画整体以黄绿色调为主，在物体的背光部分用了大量的蓝紫补色，给画面增加更多活跃的气氛。

图 2-32 增加主物体的刻画

图 2-33　整理刻画细节

三、园林景观构筑物色彩作业临摹

园林景观建筑对于初学者来说最难的是透视，透视处理得不好的同学要勤加练习。构筑物的色彩较为复杂，很多物体本身的色彩就不分明，需要同学们动脑思考概括其色彩表现。图 2-34 所示为园林景观构筑物色彩作业临摹。

亭子　景观墙

石材座椅

木材座椅

（1）

（2）

（3）

（4）

（5）

（6）

图 2-34　园林景观构筑物色彩作业临摹

第三章
景观风景色彩写生

设计源于生活。对于设计师来说，大多数设计灵感来源于大自然。风景色彩写生具有视野开阔、光线变化丰富、自然景物取材广泛、丰富多彩等特点。通过风景写生，学习者可以仔细观察不同季节、不同光线下自然界千变万化的色彩现象，继而提高他们的色彩观察能力和表现能力，为以后设计作品做好充分的准备。

第一节 现 场 写 生

一、取景

写生一定要找到自己感兴趣的风景，对于初学者来说，最好能找到自己感兴趣又擅长画的风景，刚开始不要太为难自己，先把自己的自信心培养起来再挑战更有难度的。此外，画画的位置也很重要，自己要找到一个安全、不遮挡视线、光线合适、地面舒适的地方，如果这些条件都具备了就可以开始构思了。图 3-1 所示为取景。

再次强调，感兴趣的场景对写生很重要，这样你就会带着情感去画画。画面的表达需要充满情感，这样的作品才耐人寻味，当你渐渐能够驾驭情感在作品上的表达时，你将会彻底爱上画画。

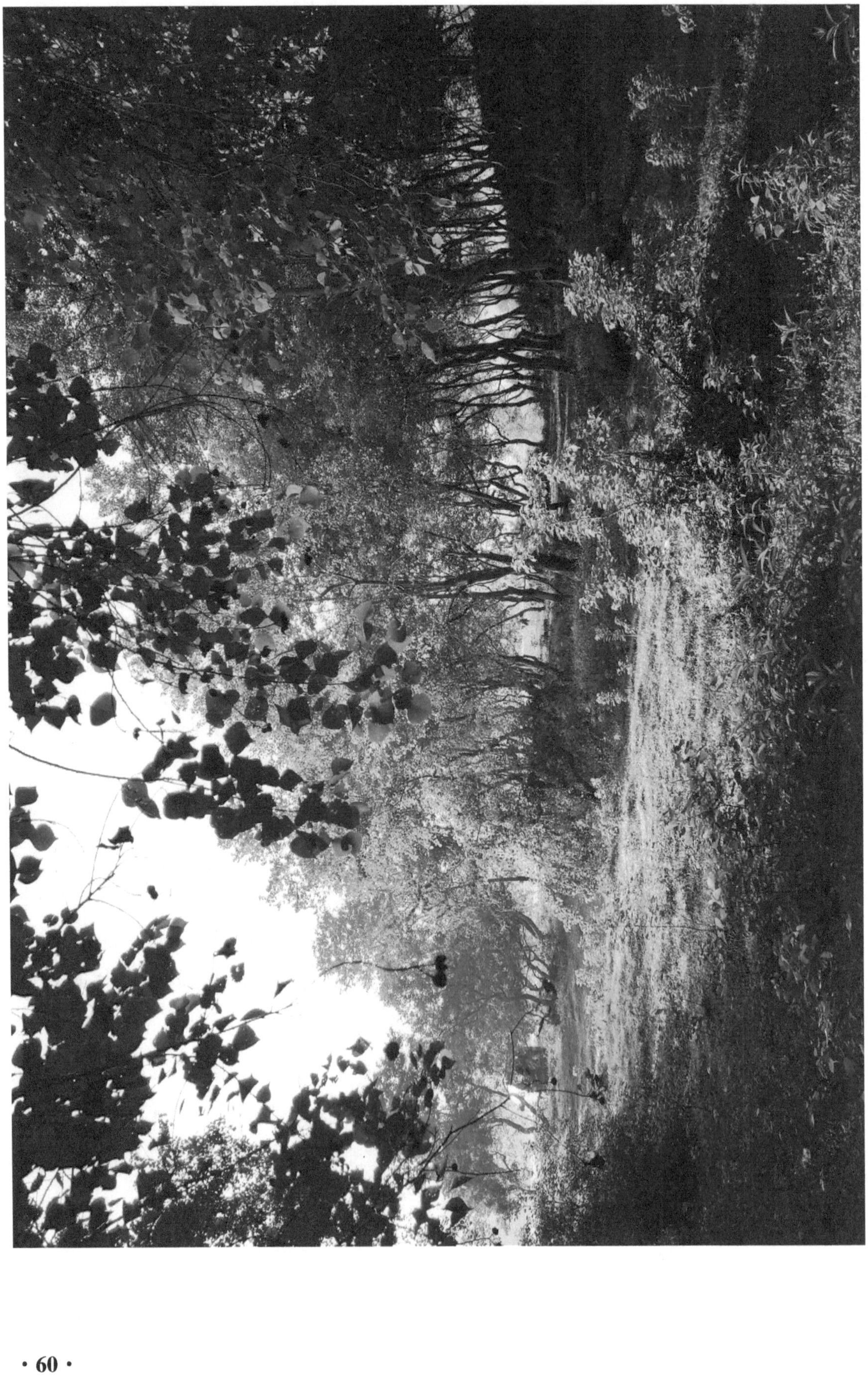

图 3-1　取景

二、构图

画画前一定要好好思考自己要画什么？怎么画？怎么安排自己的画面？主体物要画什么？横向空间怎么处理？纵向空间怎么处理？怎样用色彩来塑造它们？周边都有什么？怎么安排它们的关系？……一大堆问题都要在构图中思考，否则你根本无法预知你能画出什么，主体物很重要！需要强调的是，画面中主要表达什么一定要思考清楚，其他物体都将为了陪衬主体物而存在。图 3-2 所示为构图。

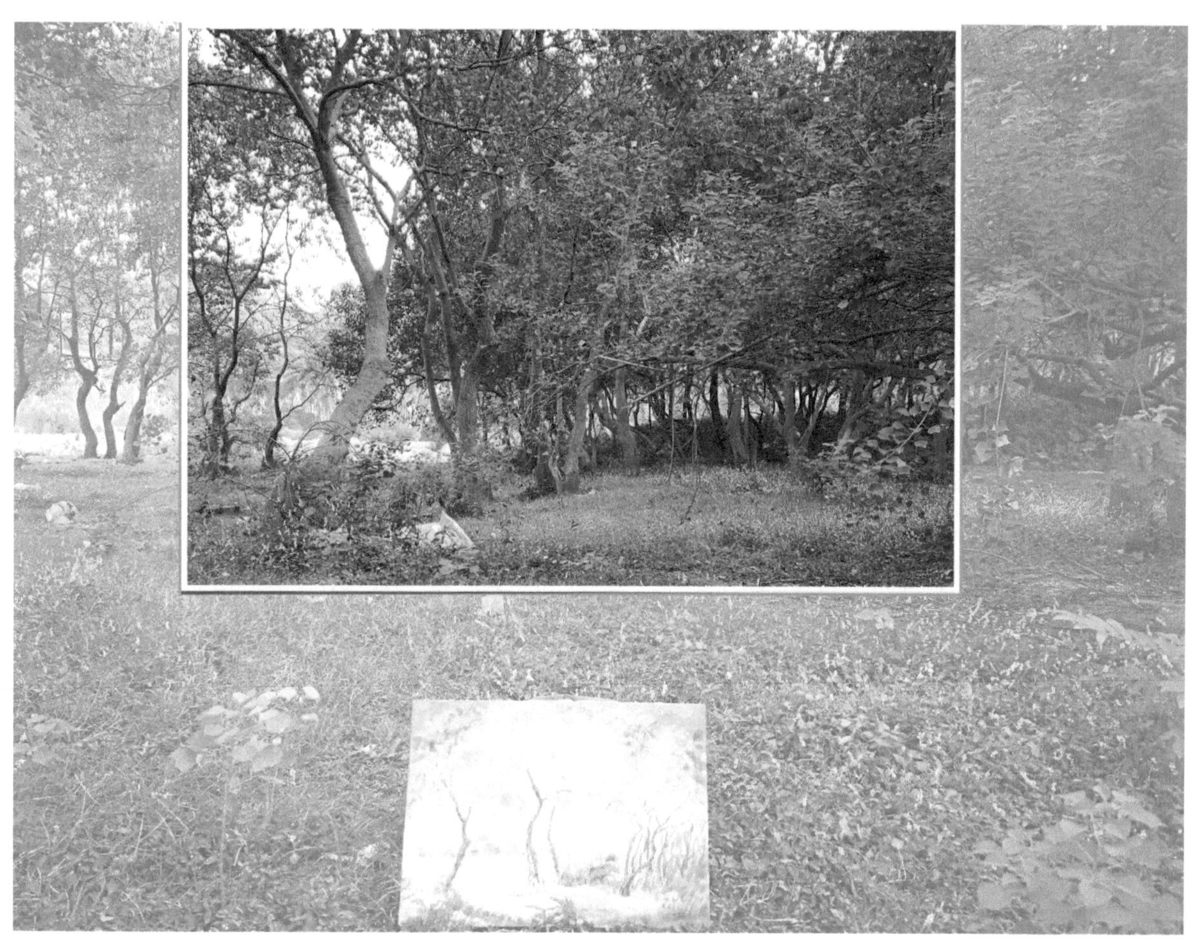

图 3-2 构图

三、起稿

在前面的构图中如果你思考得够仔细，那么起稿就相对轻松了，可以说“按计划进行”，起稿的时候不要太纠结细节，一定要注意主体物的位置、空间物体的位置、辅助物体的位置、借景来的物体所安排的位置，这些你觉得都没问题就可以上色了。图 3-3 所示画面中的牛是从别的地方“借”来的，为的是丰富画面，让画面更具有生机。图 3-3 所示为起稿。

图 3-3　起稿

四、铺大色

先刻画远近景，用水分多一点的笔触刻画，远景物体的边缘弱化，颜色之间可以适当混合，需要注意的是，远景的色彩饱和度不要太高，不然画面的前景就很难处理。如果阳光非常好，在铺大色的时候就要在画面上铺洒阳光，要让整体画面有充足的光感。前面的植物由于是重色，可以留在后面刻画。图 3-4 所示为铺大色及注意事项。

（1）

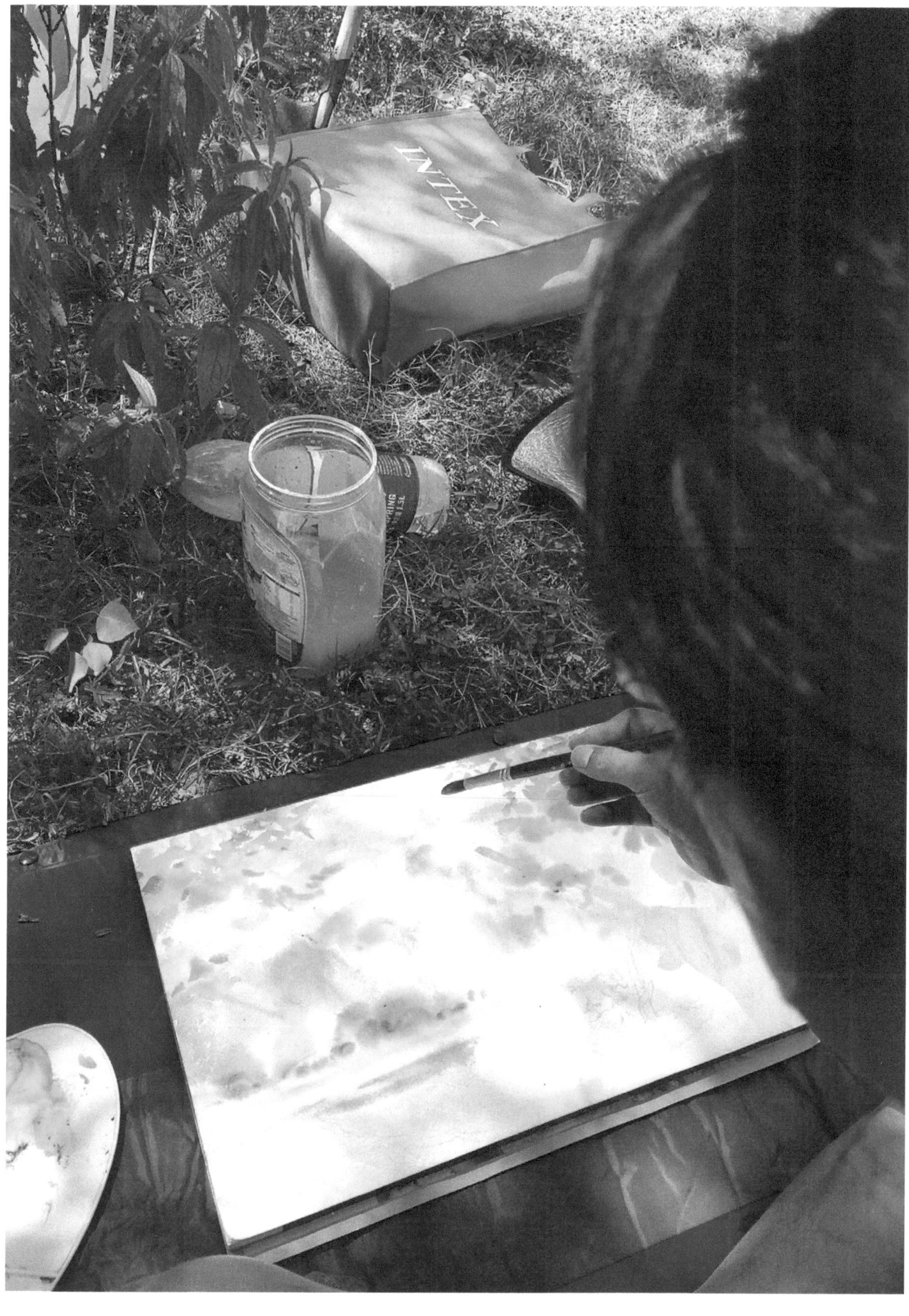

（2）

图 3-4 铺大色及注意事项

五、局部刻画

细节逐步展开刻画，保持光感的塑造，树干的形态在图 3-5 所示的这幅画的画面中尤为重要，在阳光下舞动着向上生长，它们的空间关系需要不同的颜色来刻画，需要有轻重、冷暖的变化，前面的草地需要用干笔刻画，用拖笔的方法画出草叶，上面的树冠要画出层次，注意要留出通透的天空，树干不仅要画出体积感而且需要丰富的色彩进行塑造。图 3-5 所示为局部刻画。

图 3-5　局部刻画

六、整理完成

增加细节，调整完成。树冠在调整的时候一定要继续保留天空的色彩，这样才能让树冠透气，点画叶子的时候要归纳出体积进行刻画，树枝是最后画上去的，想好每条树枝的位置，它会让你的树更生动，一定要有出有进、时隐时现，这样它才会自然。图 3-6 所示的这幅画中的牛在最后罩了一层相对鲜艳的颜色，为的是让它更醒目，在画面中起到点睛之笔的作用。图 3-6 所示为整理完成。

图 3-6 整理完成

第二节 照片写生

一、取景构图

有些时候可能由于时间短暂、天气不允许、没带工具等，没办法现场写生，但是现在我们每人都有智能手机，手机的相机功能可以帮我们解决很多问题，找感兴趣的地方拍几张照片，回来选一下也可以进行创作，如果这时候创作，希望你能够把对现场的感受画到画面中来。照片有些时候不会那么“完美”，需要你在构图时进行完善，对照片上的物体进行取舍，对空间也可以加以改变。图 3-7 所示为取景构图。

图 3-7 取景构图

二、起稿，铺大色

这一类相对比较简单的画面在起稿的时候用铅笔勾几个大轮廓就可以了，也可以直接铺大色，铺大色的时候一气呵成，让很多色彩相互混合，可以有一些大概的明暗关系。图 3-8 所示为起稿，铺大色。

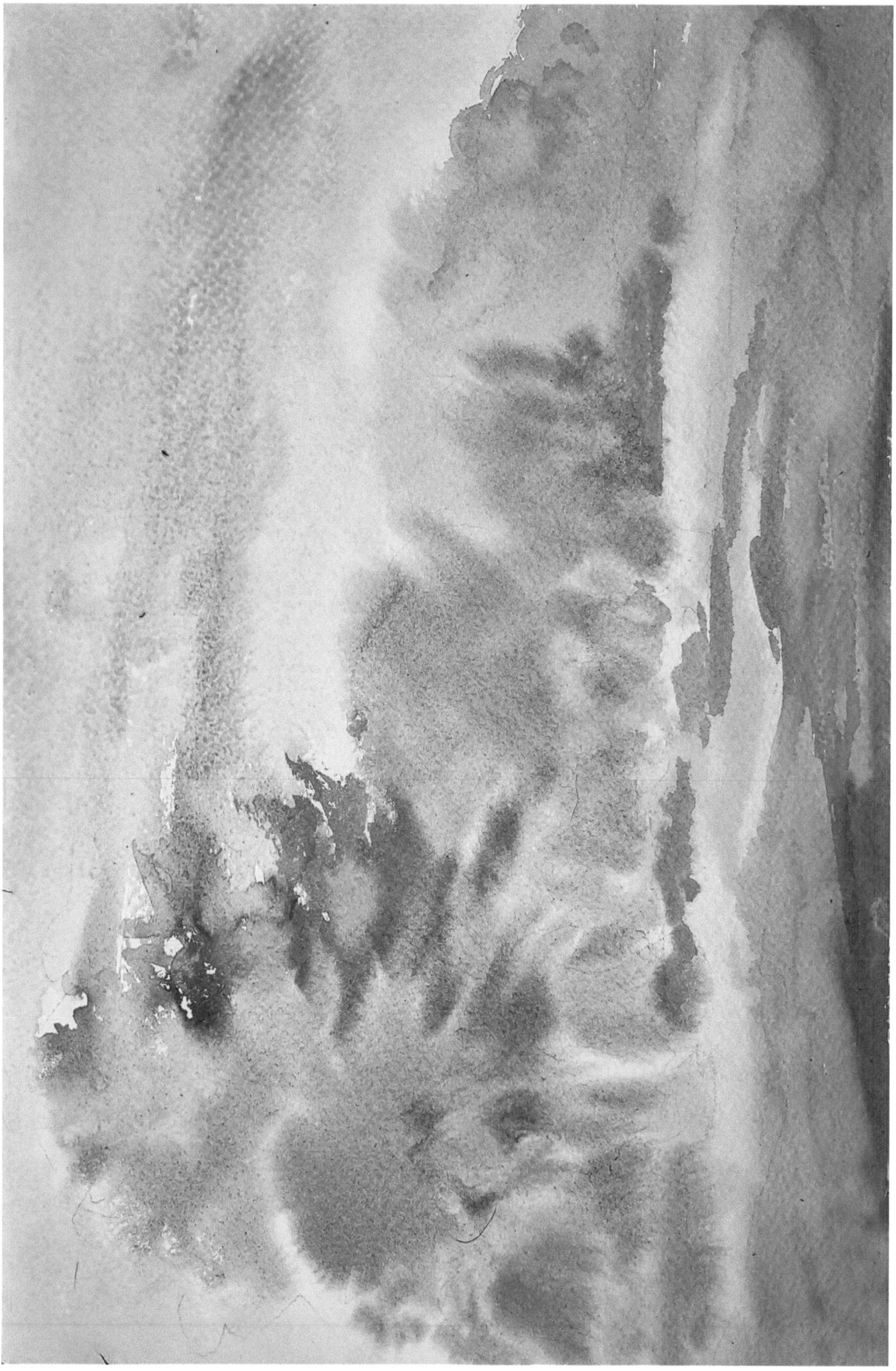

图 3-8 起稿，铺大色

三、局部刻画

增加植物的光感，主要是明暗关系、投影和色彩冷暖变化，用一些小笔触使植物的形态更加具象，草地上的投影明暗关系要有变化，注意透视关系。图 3-9 所示为局部刻画。

图 3-9　局部刻画

四、整理完成

用墨线增强植物的体积和强调植物的形态，同时加强细节的刻画，在画墨线的时候要时刻观察植物原来上色的位置和体积，明暗不够的地方可以排线加重，本身比较重的地方可以只画轮廓，也要注意线条的疏密变化，切记近实远虚。图 3-10 所示为整理完成。

对于风景园林专业的学生来说，墨线与水彩配合是一个很不错的选择，墨线可以加强体积感，同时也能够增强结构关系，能够更好地表达出设计意图，对设计表达很有帮助，希望风景园林专业的学生学会这种画法。

图 3-10　整理完成

第三节　素描线稿加马克笔上色

一、取景构图

图 3-11 所示为取景构图。

图 3-11　取景构图

二、起稿

图 3-12 所示的起稿就要更加细致些了，一是因为这张起稿以建筑为主，形体一定要准确，二是接下来要画素描，所以各个关系都要更准确才行。

图 3-12　起稿

三、画素描关系

用铅笔画出物体的形态和素描关系，用素描的明暗处理方法处理出画面的空间，需要注意的是，暗的地方不要画得太黑，因为后面还要上色彩，排线的时候留一些空白，画面要有透气感（见图 3-13）。

图 3-13　画素描关系

四、马克笔上色

在用马克笔上色前要将素描稿进行复印，用复印件上色。图 3-14 所示的雪景，颜色其实用得不多，只要用色彩把物体的明暗和冷暖关系画出来就可以了。

图 3-14　马克笔上色

第四节　景观风景色彩写生作业临摹

风景色彩写生能够充分锻炼同学们对画面的调整和把控能力，能培养学生主动解决问题的能力，在写生中可以记录自己感兴趣的东西，这种记录可以伴随一个人的一生，从而也会在自然中获得设计方面的灵感。图 3-15 所示为景观风景色彩写生作业临摹。

（1）

（2）

(3)

（4）

（5）

（6）

（7）

（8）

（9）

（10）

图 3-15　景观风景色彩写生作业临摹

第四章
景观设计与色彩表现

第一节　马克笔、彩色铅笔的应用

在设计中马克笔和彩色铅笔是经常使用的色彩工具，我们将在本章内容中介绍它们。油性马克笔和水溶性彩色铅笔是快速表现的较佳工具，由于方便携带，不需调色，得到广大设计者的喜爱。油性马克笔使用起来不容易使纸张产生皱折，叠加也不会有太多的重叠笔触，使画面显得凌乱，所以表现起来较为随意。而水溶性彩色铅笔柔软易着色，可以使马克笔跳跃的色彩更加柔和，起过渡和软化作用。（图 4-1 中上色使用的是桦毅牌马克笔和 48 色辉柏嘉牌水溶性彩色铅笔，标注的笔号仅供同学参考。）

马克笔和水彩的特性很像，都要由浅入深进行刻画，颜料都具有透明效果，两种颜色的叠加会呈现不同的色彩，要注意的是，上色后修改困难，需要慎重刻画。

单面排笔练习（见图 4-2）。马克笔上色要注意笔触的变化，初学者由浅到深进行刻画。彩色铅笔的色彩更为丰富，一支笔可以画出很多明暗层次，可以说一支彩色铅笔“顶”很多支马克笔。它们的混合使用会让画面更精彩。

方体上色练习（见图 4-3）。注意黑、白、灰各个面的刻画，适当用彩色铅笔过渡。

环境上色练习（见图 4-4）。在画好体积的基础上，刻画出相互影响的物体色彩。

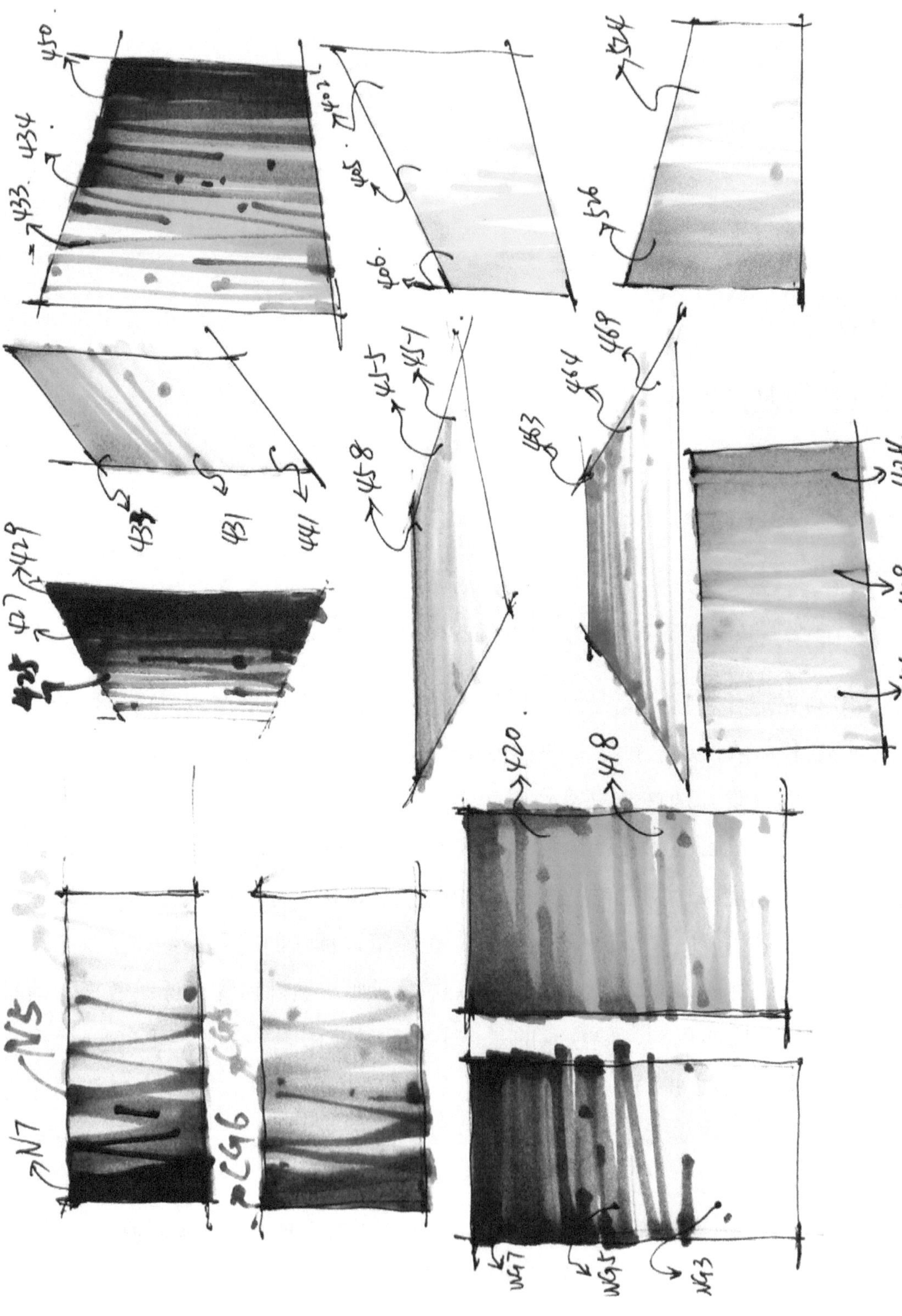

图 4-1　马克笔、水溶性彩色铅笔范例

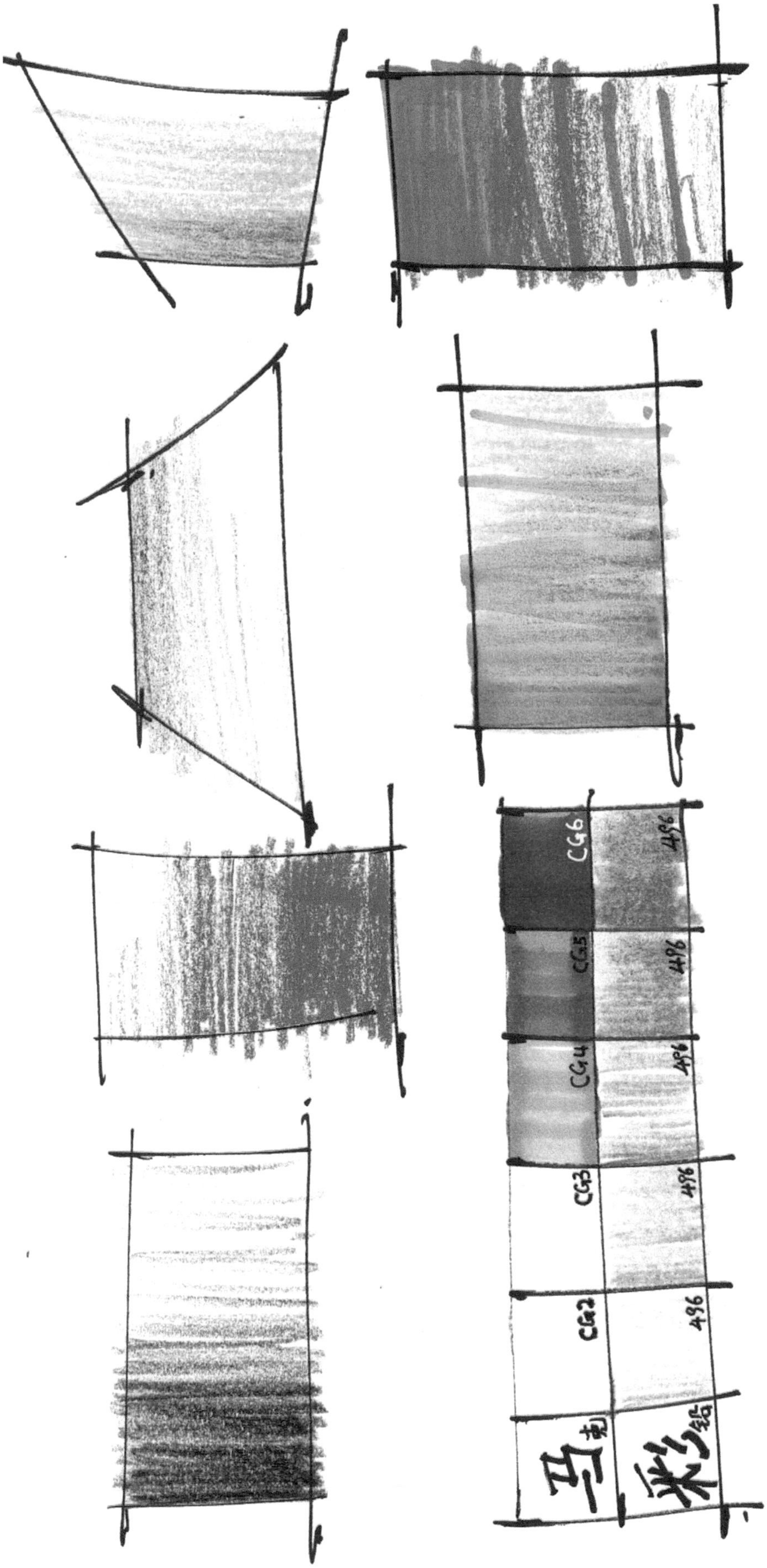

图 4-2 单面排笔练习

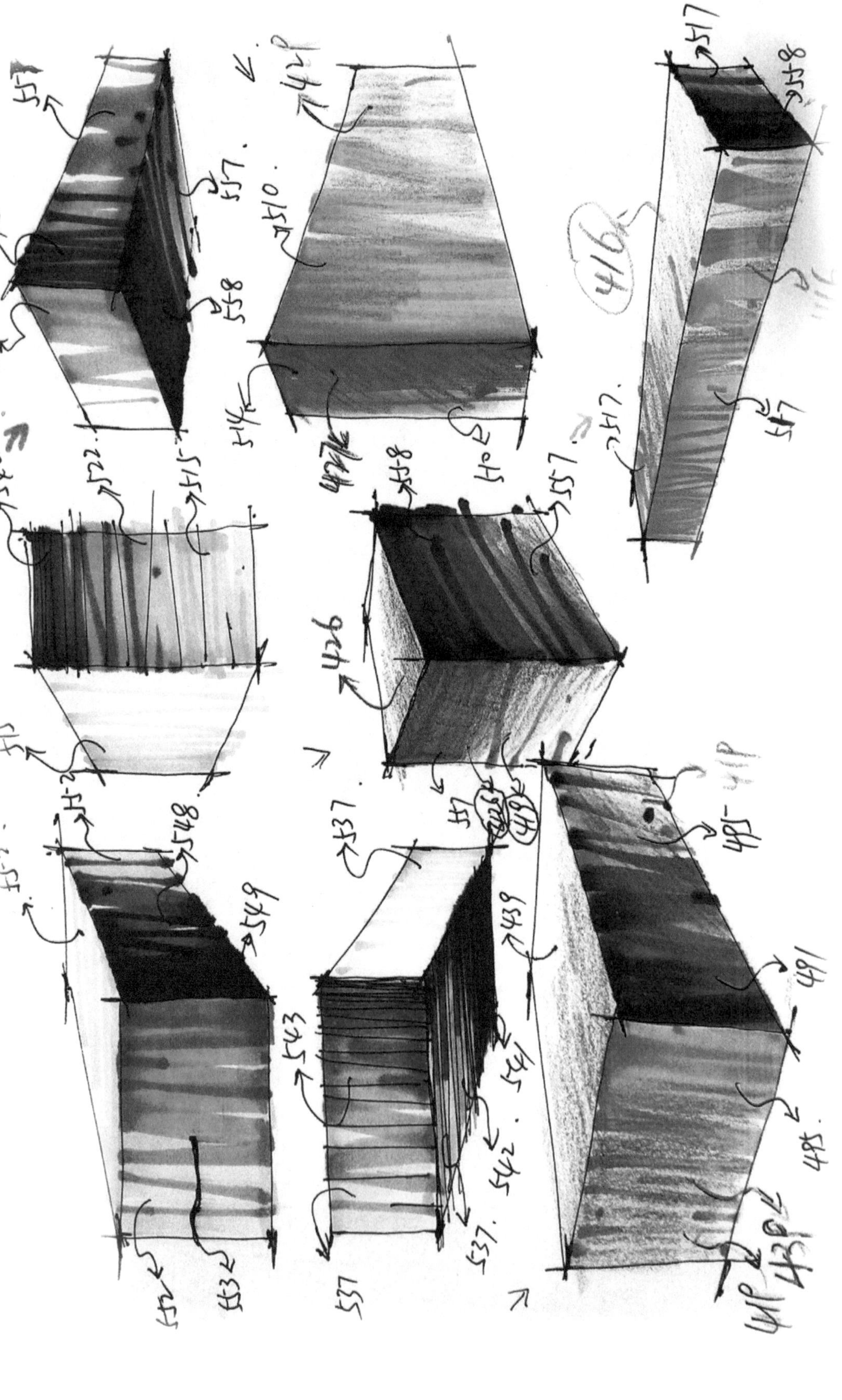

图 4-3　方体上色练习

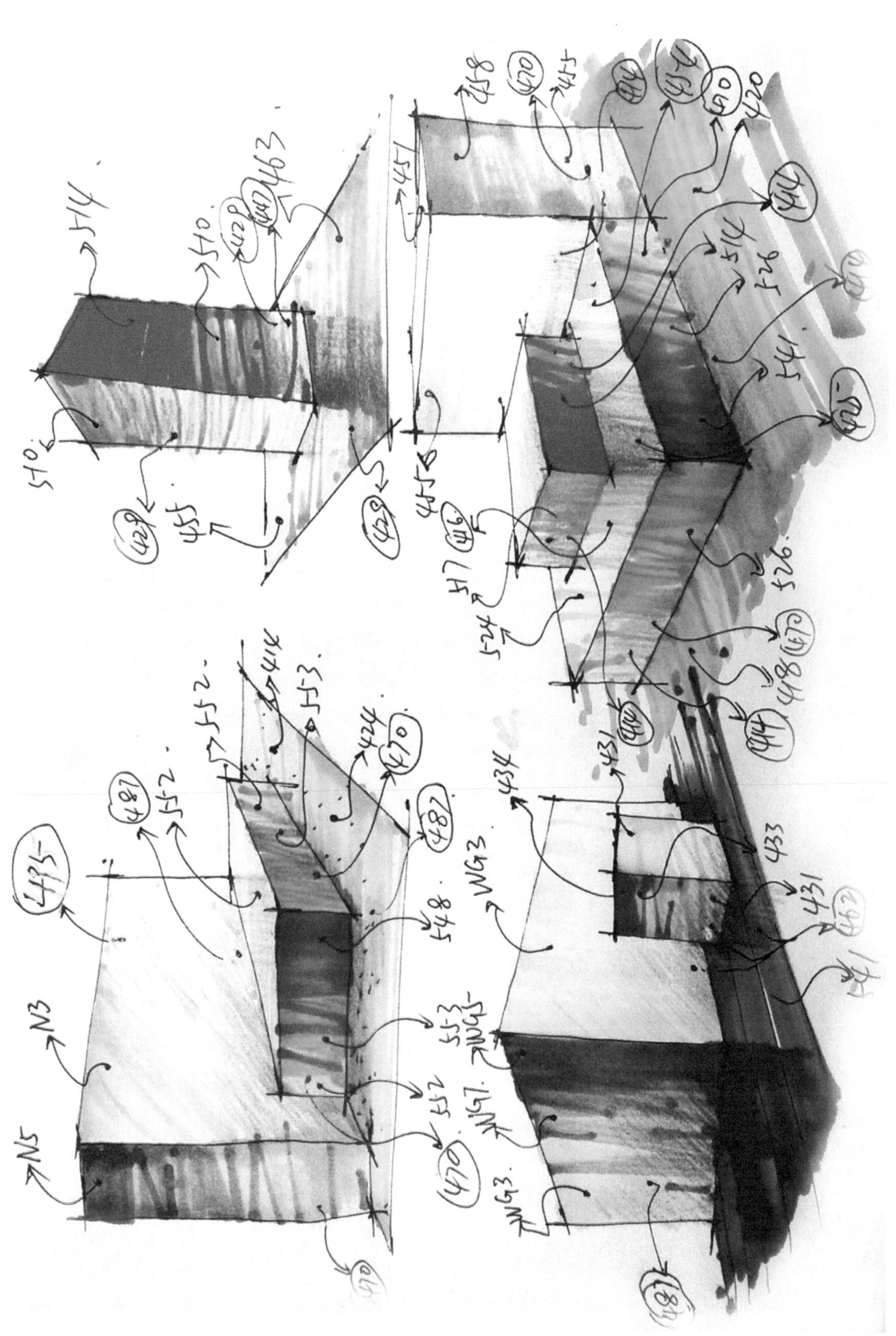

图 4-4 环境上色练习

第二节 色彩表现

一、常规上色步骤（以景观建筑为例）

整体刻画，层层叠加逐渐完成。首先设定一个基调，从浅到深。主要刻画暗部，由一个色系到另一个色系，要注意色系之间的调和，互相影响，互相调和。最后整理阶段，要注意画面的各部分虚实关系、空间关系、层次关系。要认真对待暗部和阴影的塑造，使立体感更强，效果更好。

上色步骤一（见图 4-5）：在上色之前，要先找出画面中的主体。一般除了主体是白色或透明的以外，都是先从主体开始上色。

图 4-5　上色步骤一

上色步骤二（见图 4-6）：在图 4-6 中，建筑是主体，所以在初步上色时要把建筑的原本色彩表现出来，选择同一色系的两个相邻颜色，先将建筑暗部的色彩画出。

上色步骤三（见图 4-7）：大面积的暗部色彩铺好之后，需要对空白的地方进行补色来过渡色彩的明暗，同时加强暗部的笔触和层次，使整个暗面受光均匀。然后用暗部同色系的亮色将建筑的亮部铺上颜色。

图 4-6　上色步骤二

图 4-7　上色步骤三

上色步骤四（见图 4-8）：建筑的基本色调画好之后，这时可以把周围作为配景的植物进行上色。既然是配景，简单上色，能衬托出主体即可，不能太跳跃，以免喧宾夺主。

图 4-8　上色步骤四

上色步骤五（见图 4-9）：基本的明暗色调铺完之后，可以用水溶性彩色铅笔将明暗过渡得更好。

图 4-9　上色步骤五

上色步骤六（见图 4-10）：最后将不够深的暗部再加重，加强明暗对比，使画面立体感更强。再将暗部的反光面画上其周围的环境色，使画面的色彩更丰富，光感更强。

图 4-10　上色步骤六

主题是画面的重点，无论是线条、色彩还是细部处理，都要鲜明突出，给人以深刻印象。用色彩表现空间层次的对比和节奏，衬托画面物体的多样均衡与变化统一，表现出整体的画面美感。

二、局部上色步骤（以入口景观为例）

局部刻画，主次分明，一气呵成。

局部刻画之前要对整个画面进行预知和判断，比如，画面的整体色调、空间的层次关系、物体与物体之间的相互影响、黑白灰的把握等，梳理完成后才能进行刻画上色。

上色步骤一（见图 4-11）：刻画前面的物体，画好物体体积的同时注意反光处的色彩的变化。

上色步骤二（见图 4-12）：刻画大面积的地面和墙面，注意物体对它们的色彩影响，同时处理好虚实和空间关系。

图 4-11　上色步骤一

图 4-12　上色步骤二

上色步骤三（见图 4-13）：调整色彩，增强明暗对比，提升细节刻画能力，丰富画面的空间层次感。

图 4-13 上色步骤三

第三节 景观方案设计与色彩表现

景观方案设计中，首先是和甲方沟通设计方案的思路，等思路明确以后再开始绘制相关图纸，我们在本书中不多涉及设计理念，主要是讲表现的过程，下面以某水乐园设计表现为例进行讲解。

一、平面图

平面图（见图 4-14）是景观设计较重要的图纸之一，决定着景观方案的走向，还有后面的表现细节，平面图确定并出完后在它的基础上跟着有一部分图纸也会出来，比如流线分析图、人流分析图、视线分析图、植物种植分析图、功能分析图、交通分析图等，可见其重要性。平面图的上色注重整体和谐，也就是我们色彩教学中经常讲的“大统一，小对比”，整个平面图拟定一个光源，画出物体阴影使平面的物体具有体积和高度，看上去更有层次感，大面积的地面、水体、屋顶等要注意笔触的变化，拒绝平涂，整体效果也要保证黑白灰关系。

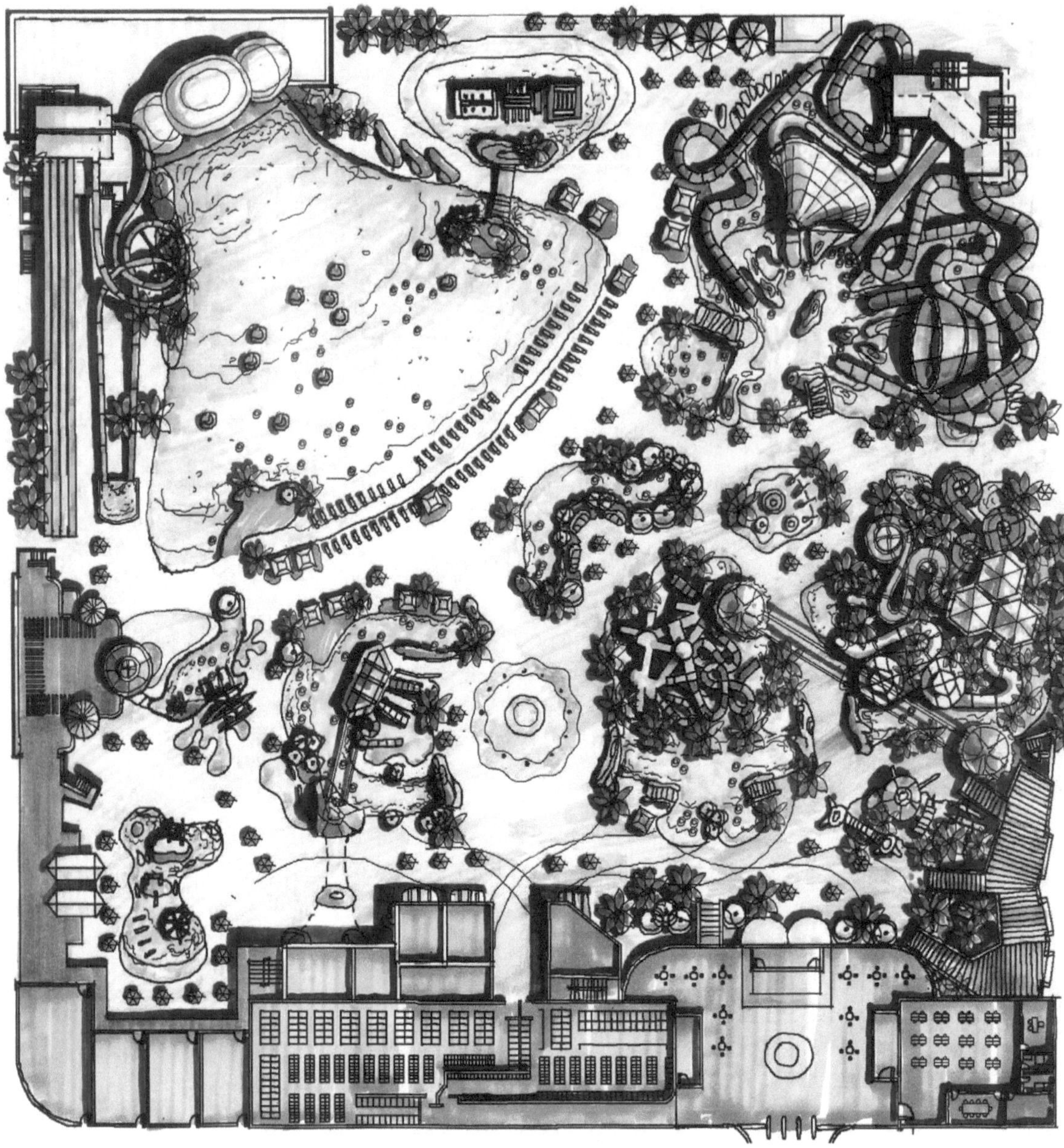

图 4-14　平面图

二、鸟瞰图

鸟瞰图（见图 4-15）的绘制在方案的出图中是最难的，它考验设计师的综合制图能力。首先是选择俯视角度，一般按照“近低远高”的方法来构图，也就是近处画低的物体，尽可能少挡到后面的场景；其次是空间透视，保证整体场景透视准确的同时还要绘制出每个物体屋顶的透视效果；最后是上色，色彩效果还是保持“大统一，小对比”的原则，鸟瞰图的上色要更丰富、细致些，它反映的是各个景点的效果，从鸟瞰图中可以找到景区每个地方的缩影。

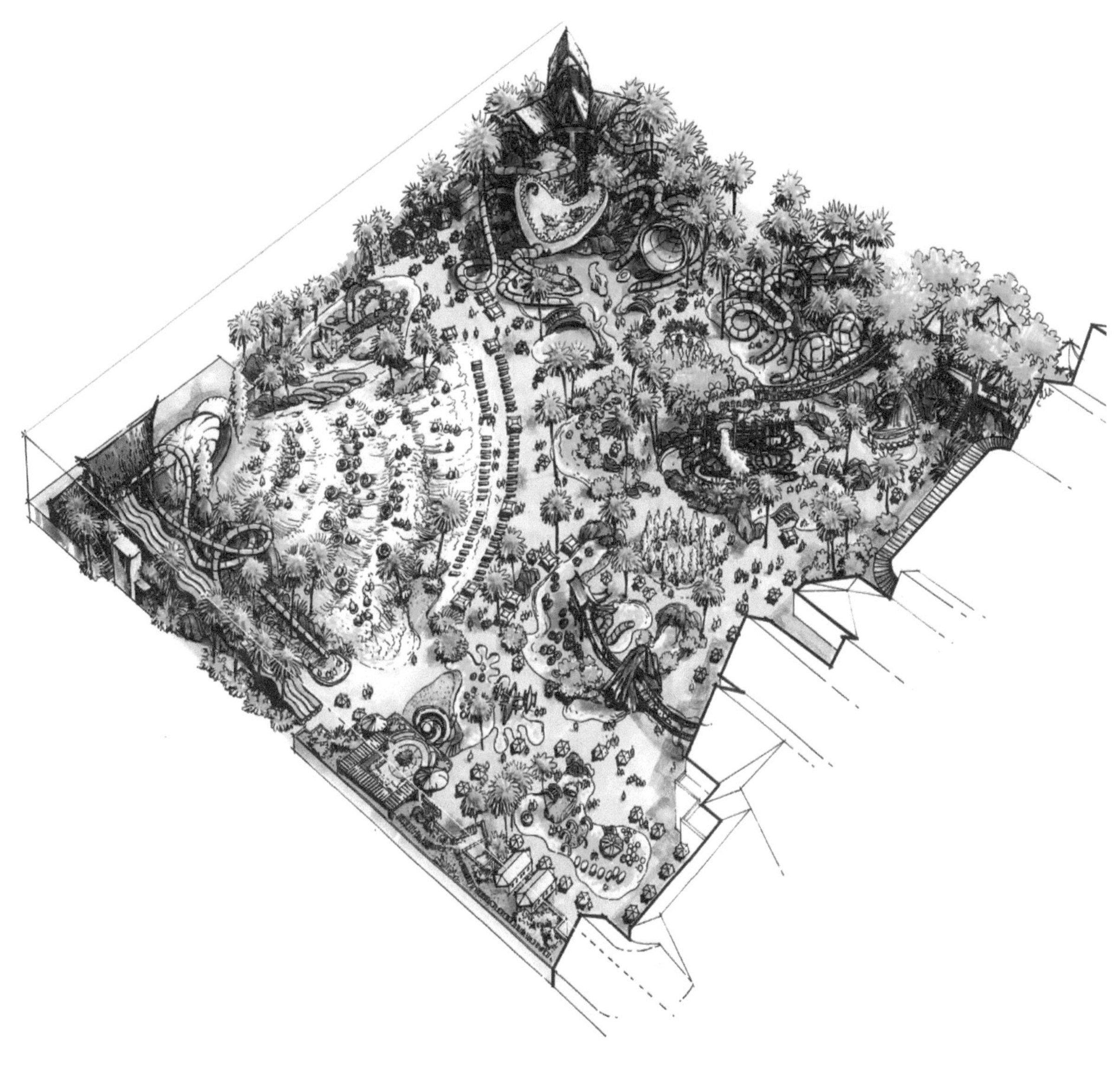

图 4-15 鸟瞰图

三、剖立面图

选择有代表性的位置制作剖立面图（见图 4-16），一般原则上找有高差、内容丰富、强调物体或物体与物体之间的高度等位置进行绘制，物体上色的时候也要注意体积效果的塑造，注意光影效果的表现。

画剖立面图也要注重艺术效果的处理，被剖截面后面的空间可以适当刻画，同时也可以适当地处理空间关系，好的剖立面图应错落有致、色彩丰富、疏密得当、结构分明、材质清晰、尺寸准确，剖立面图并不亚于一张效果图的表达，甚至有时它会更具说服力，看到一张好的剖立面图应该像看到一张好的画作一样享受。

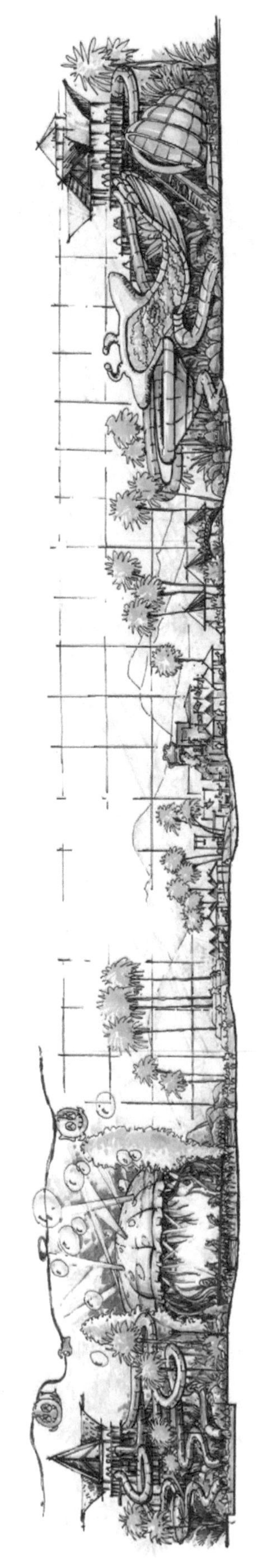

图 4-16　剖立面图

四、效果图

图 4-17 所示为本方案的部分效果图，供大家学习，在这里不按顺序排列，可以试着找到它在平面图、鸟瞰图、剖立面图中的位置，有部分效果图在翻案推敲的时候有所改动，但都改动不大，不影响找它们的位置。效果图表现的时候要注意尊重它的平面位置关系，但为了增加画面效果可以运用夸张、借景、省略等手法进行刻画，要保证每一张效果图都很精彩。

（1）

（2）

（3）

（4）

（5）

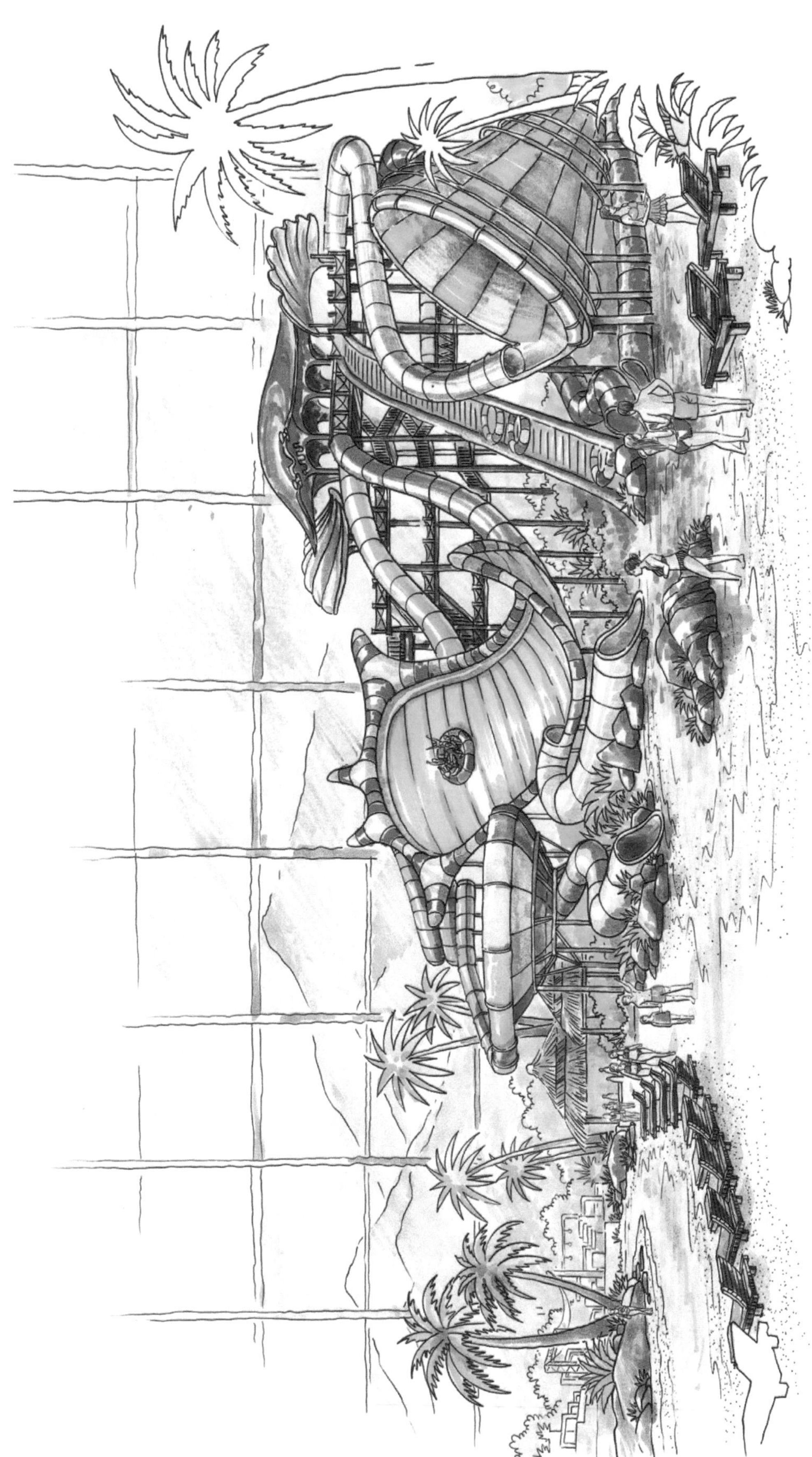

（9）

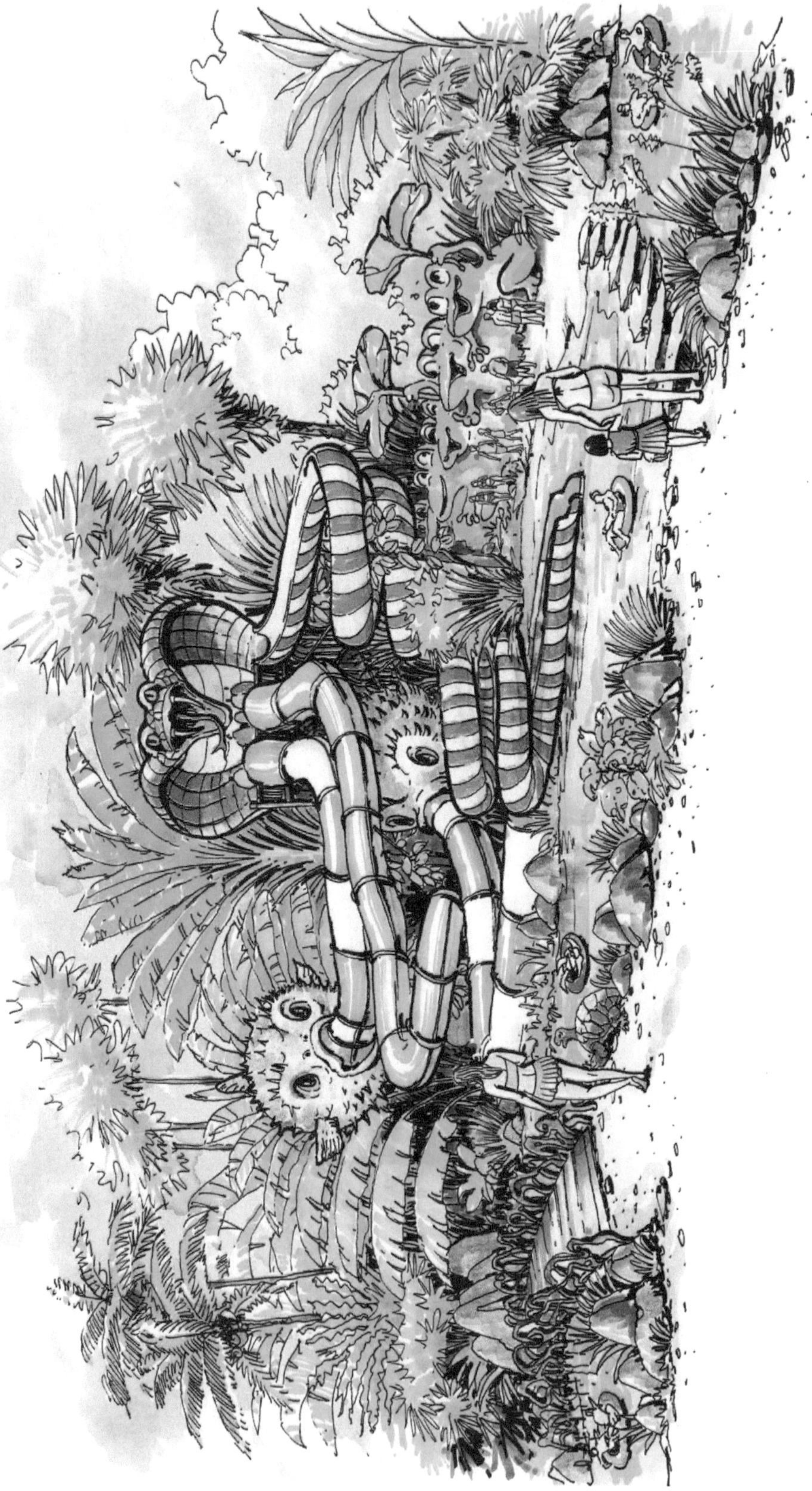

（7）

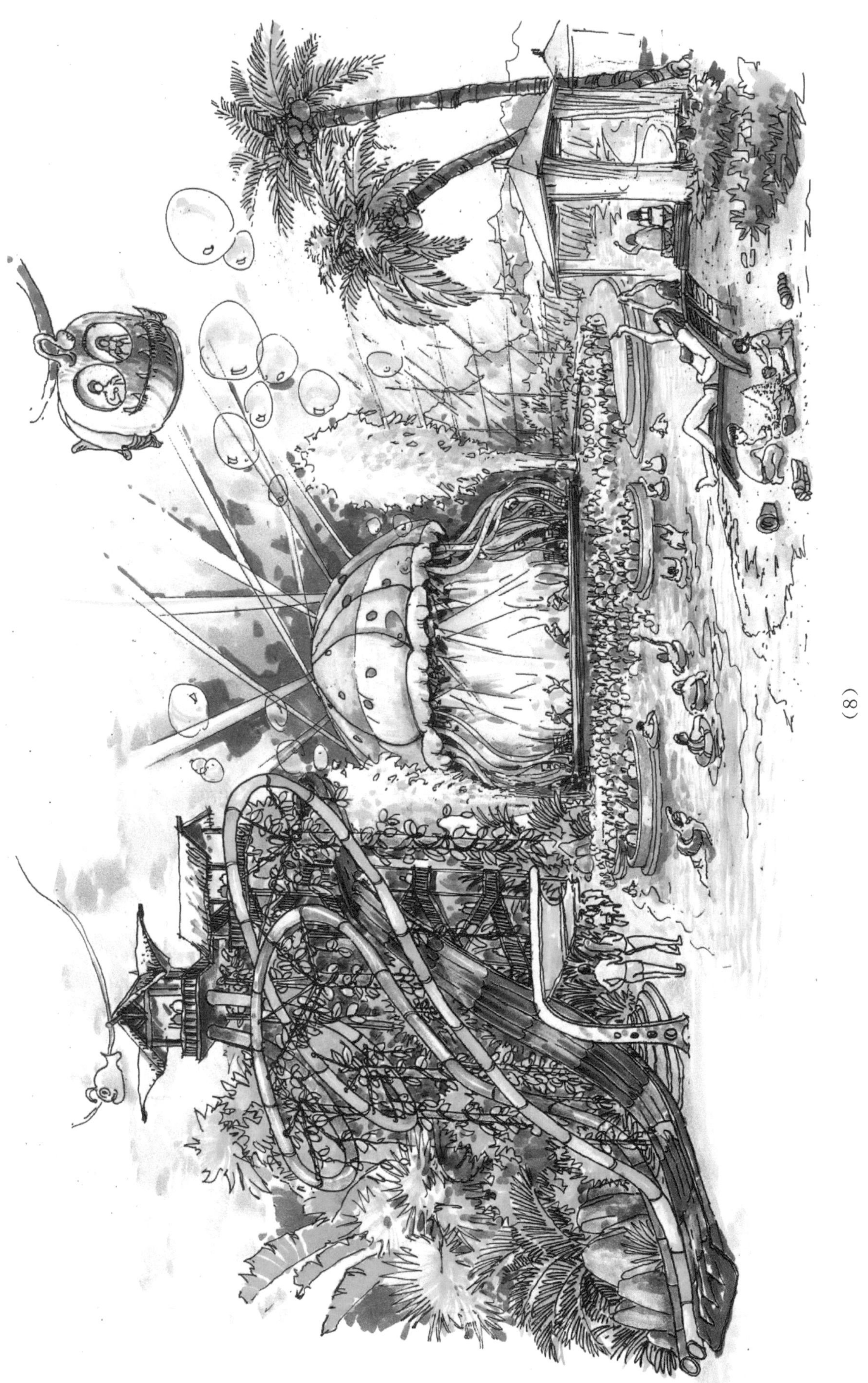

(8)

(9)

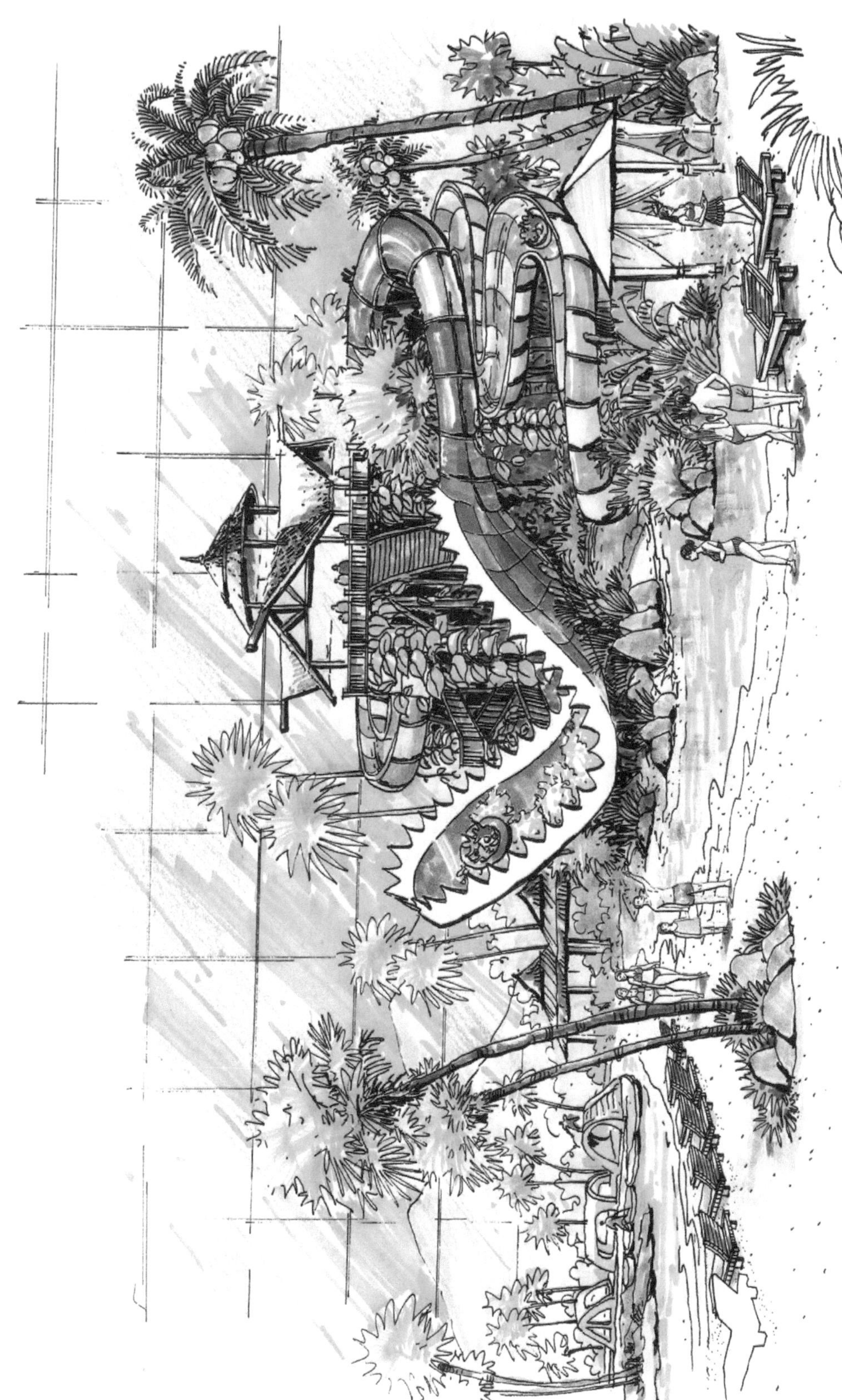

（10）

（11）

图 4-17 效果图

第四节　景观设计作品色彩表现作业临摹

在上色之前，要考虑整幅画面的基本色调，是以建筑的色调为主，还是以铺装的色调为主，或是以植物的色调为主。配景总是为了更好地衬托主景而存在的。所以当选择好主题色调时，配景的颜色一定不能喧宾夺主。马克笔的笔触与钢笔线条的粗细变化相搭配可以很好地体现出空间的虚实效果，而用马克笔少量的亮色调去点染大面积的灰色调，则能将空间的层次表现得更加幽远，使画面主次分明。

在一幅景观环境中，植物是必不可少的元素，在上色时根据画面的需要，可以采用不同风格的笔触来表现不同品种的花草树木，使画面更生动，更具层次感。在色彩的选择上，植物多以绿色为主，搭配少许彩色植物丰富画面。注意彩色植物颜色不能过于鲜艳，要选饱和度较低的彩色，并且和绿色植物搭配时要注意两者色彩的互相渗透，不能孤立不谐调。

在画面气氛中，光影是很重要的组成部分，注意受光面、背光面和影子的刻画。影子不一定要用单一的色彩来刻画，如果你的画面色彩丰富，也可以把影子画得五颜六色，当然，这个五颜六色的饱和度要降得很低，才能保证在不影响整个画面色彩的前提下丰富暗部颜色。图 4-18 所示为景观设计作品色彩表现作业临摹。

（1）

（2）

（3）

（4）

（5）

（9）

（7）

(8)

（9）

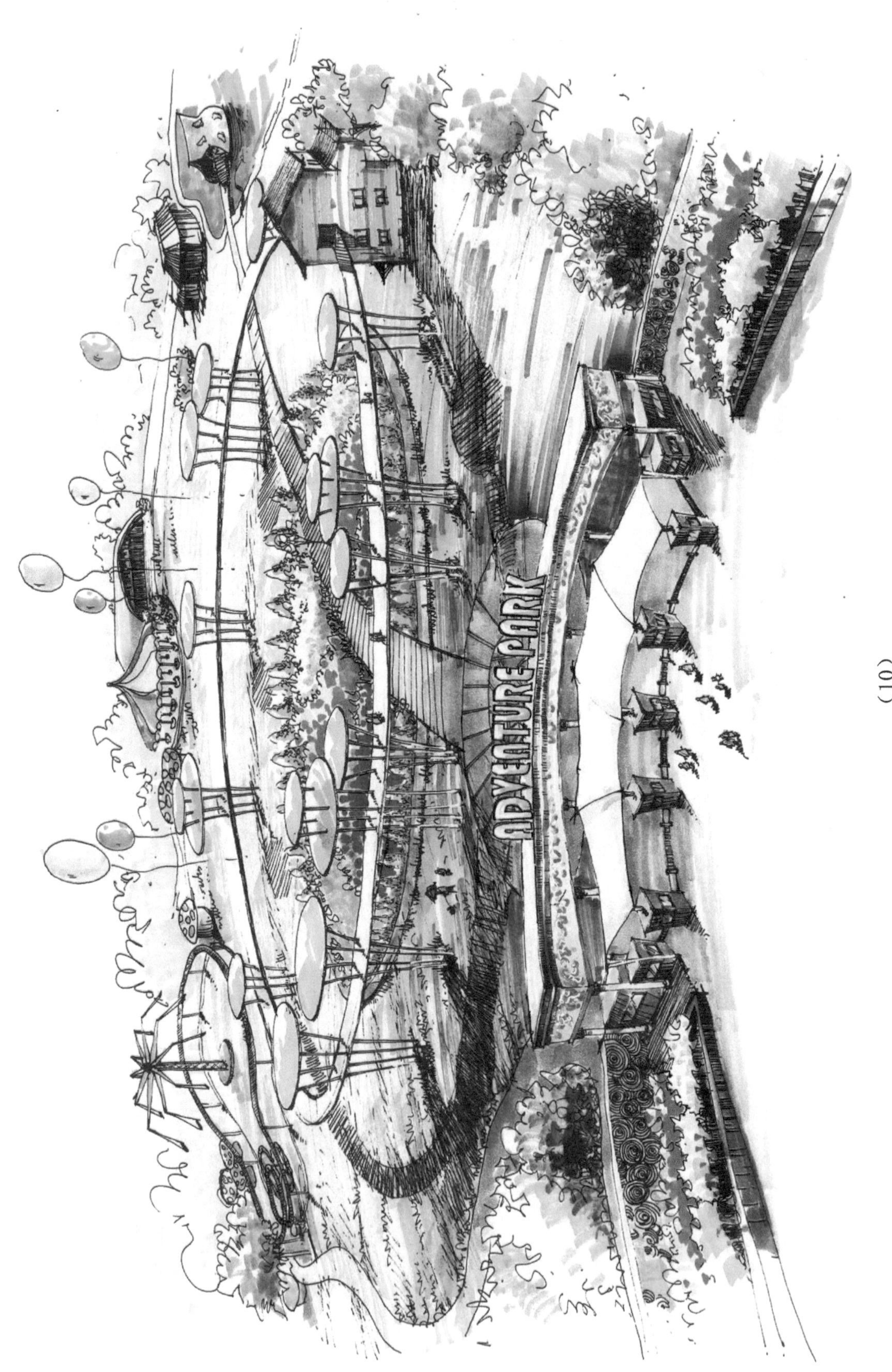

（10）

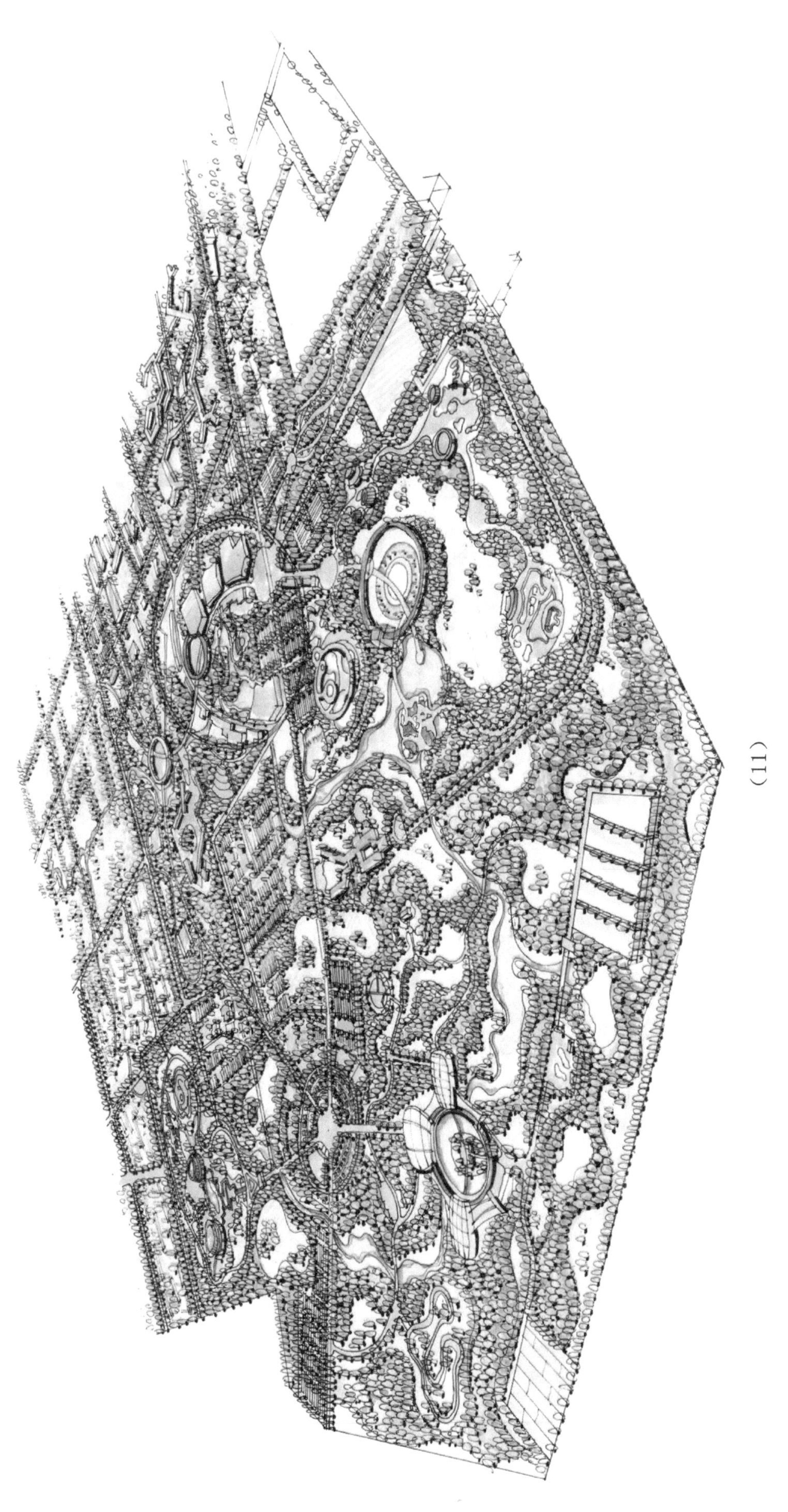

（11）

（12）

（13）

（14）

（15）

（16）

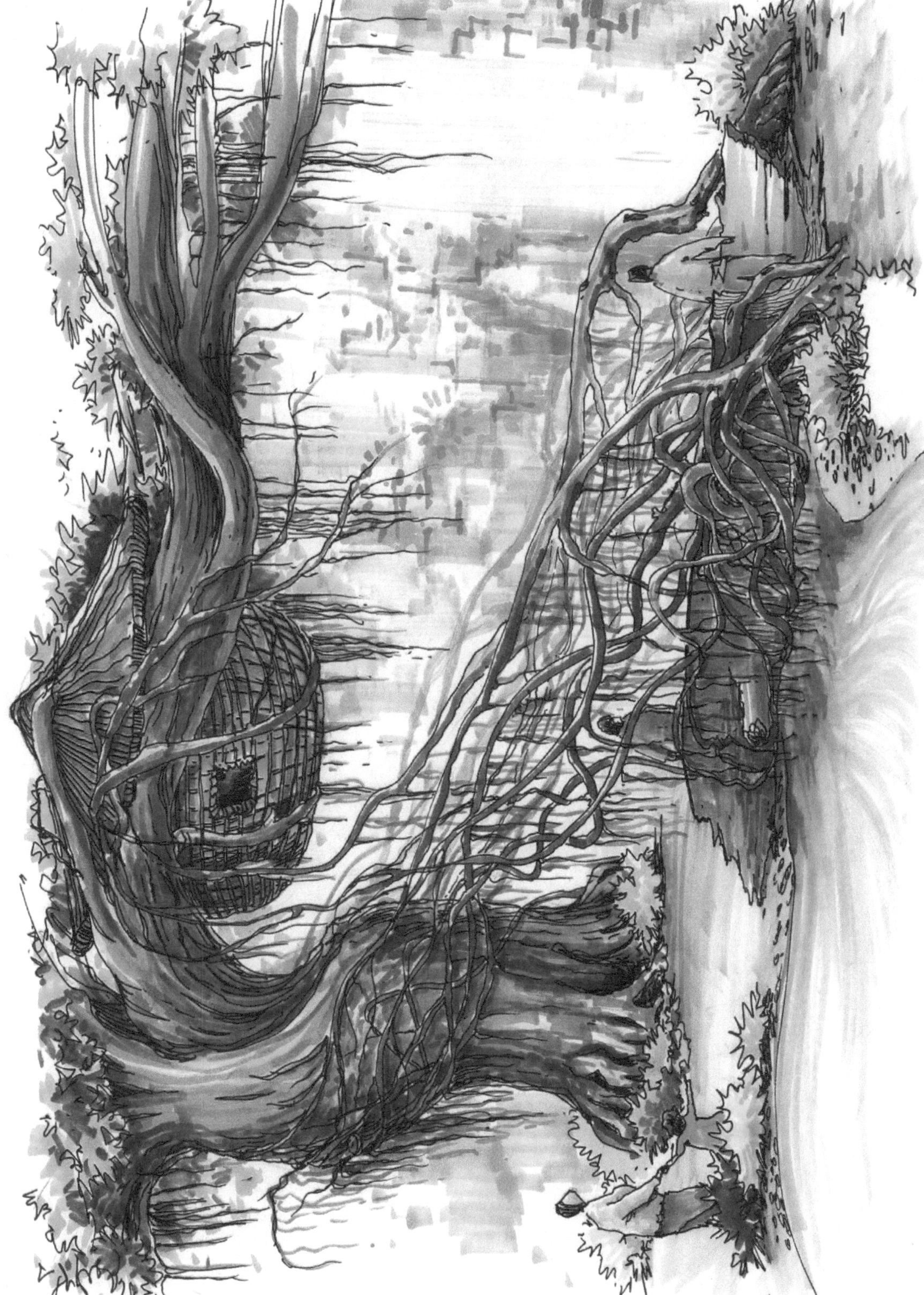

（17）

（18）

（19）

（20）

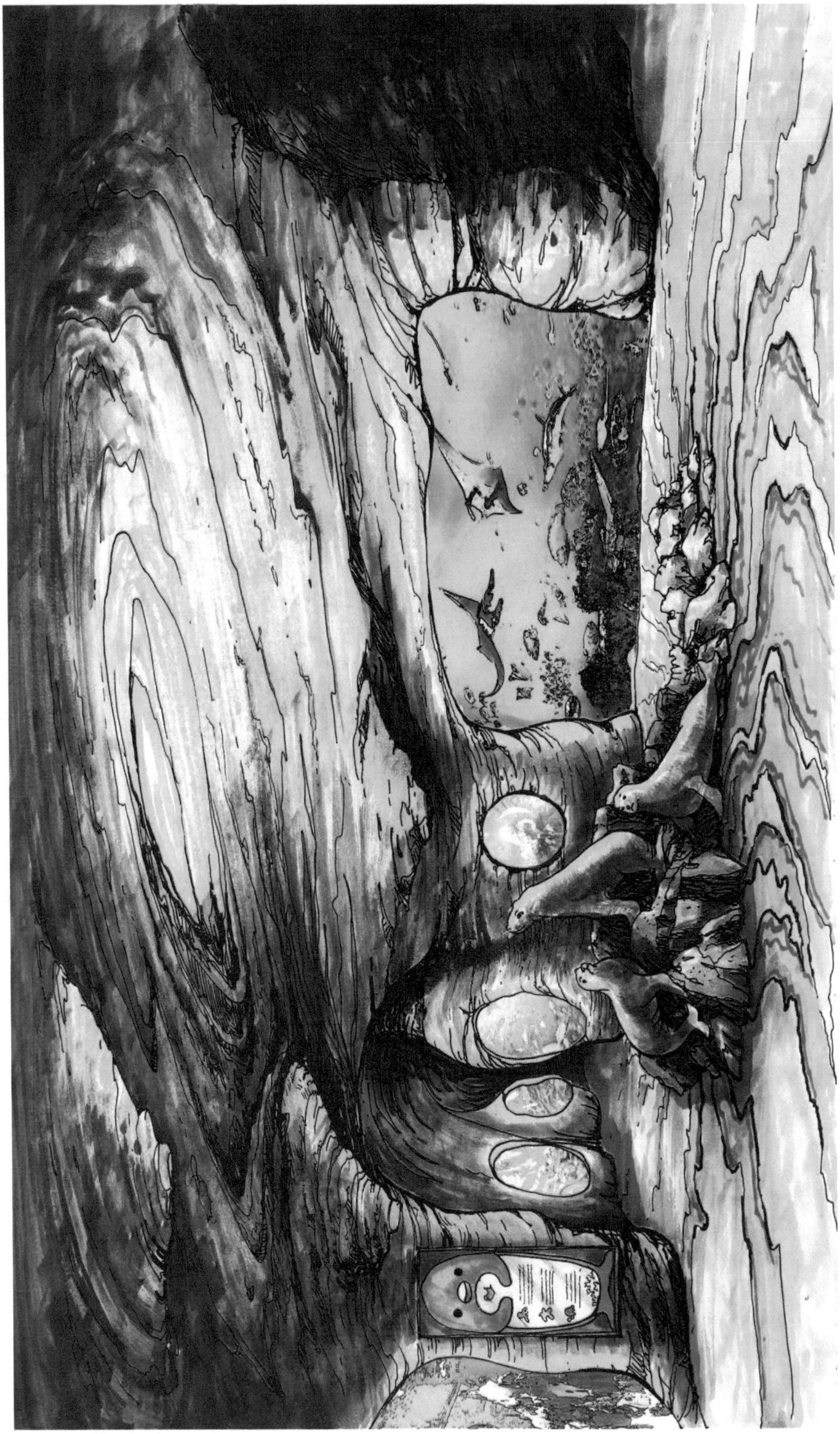

（21）

（22）

（23）

图 4-18　景观设计作品色彩表现作业临摹

第五章
作品赏析

本章选用了大量的习作、写生、设计作品，也运用多种表现方式去呈现，希望能让学生学习到更多的表现手法，同时也能找到更适合自己的表现方法。色彩可以让人愉悦，可以把平淡无奇的事物变得与众不同，我们在无数次色彩练习中得到提高，从而使我们的设计与众不同。图 5-1 所示为写生作品，图 5-2 所示为设计作品。

（1）

（2）

（3）

（4）

（5）

（6）

(7)

（8）

（9）

（10）

（11）

（12）

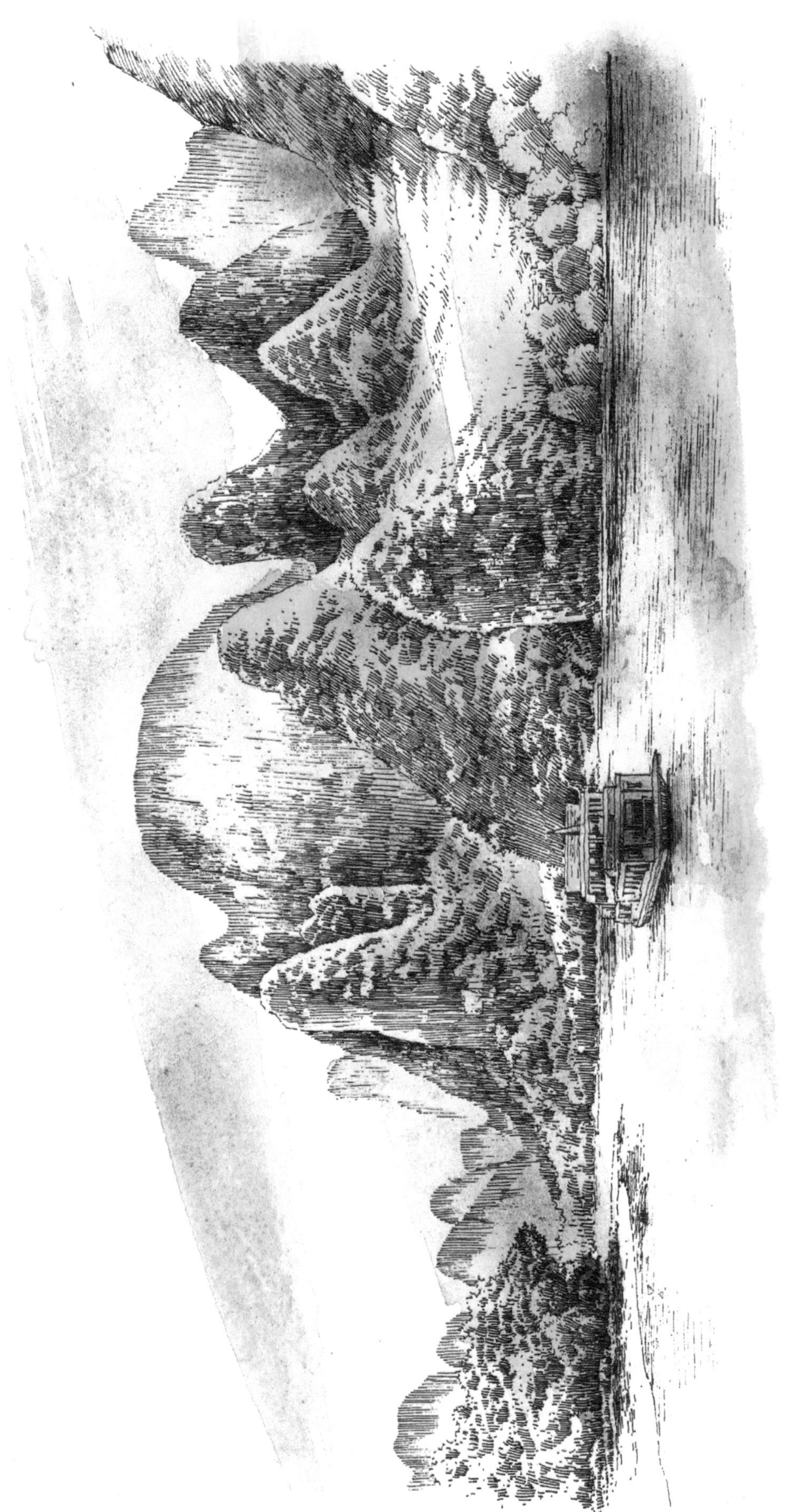

（13）

（14）

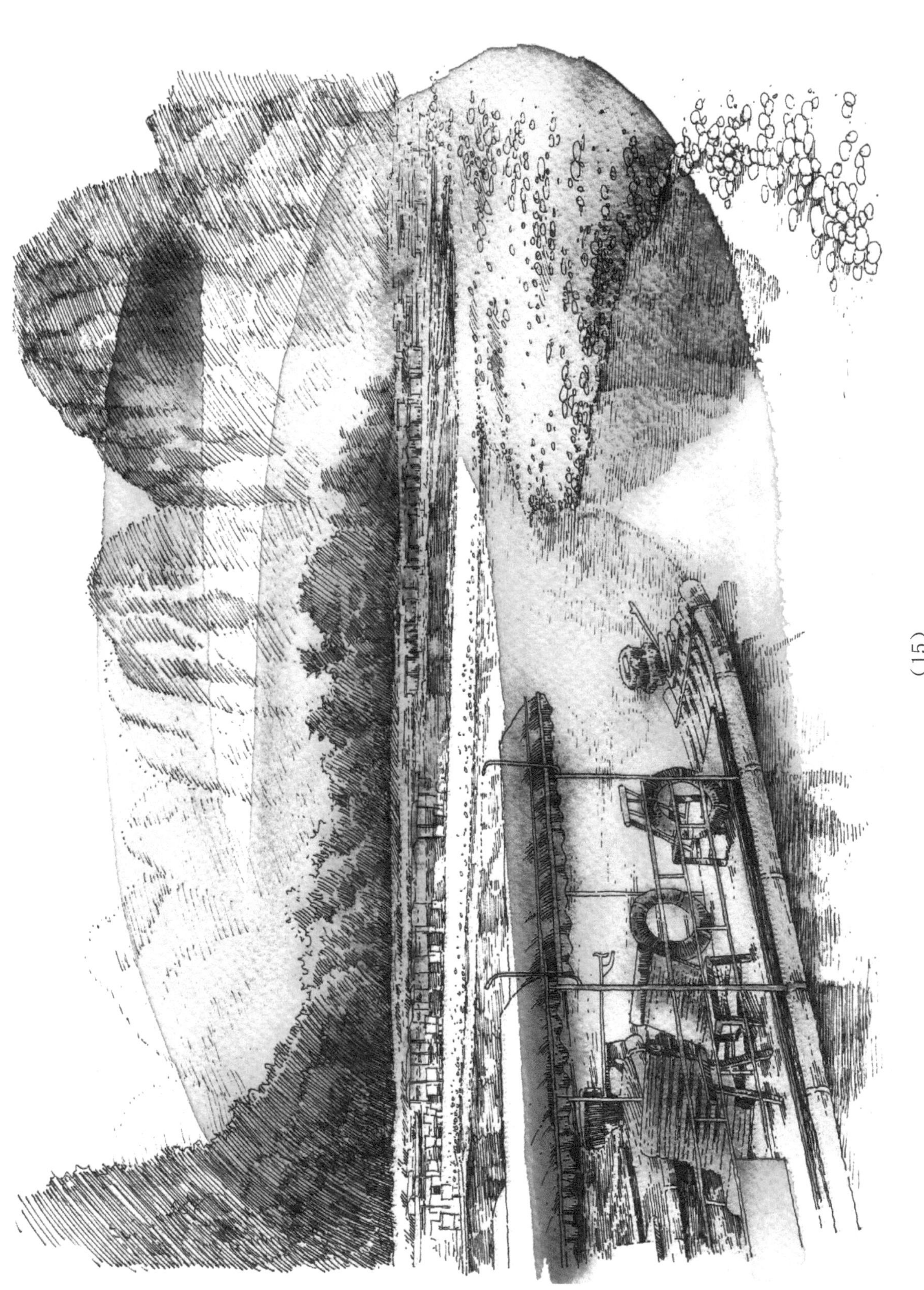

（15）

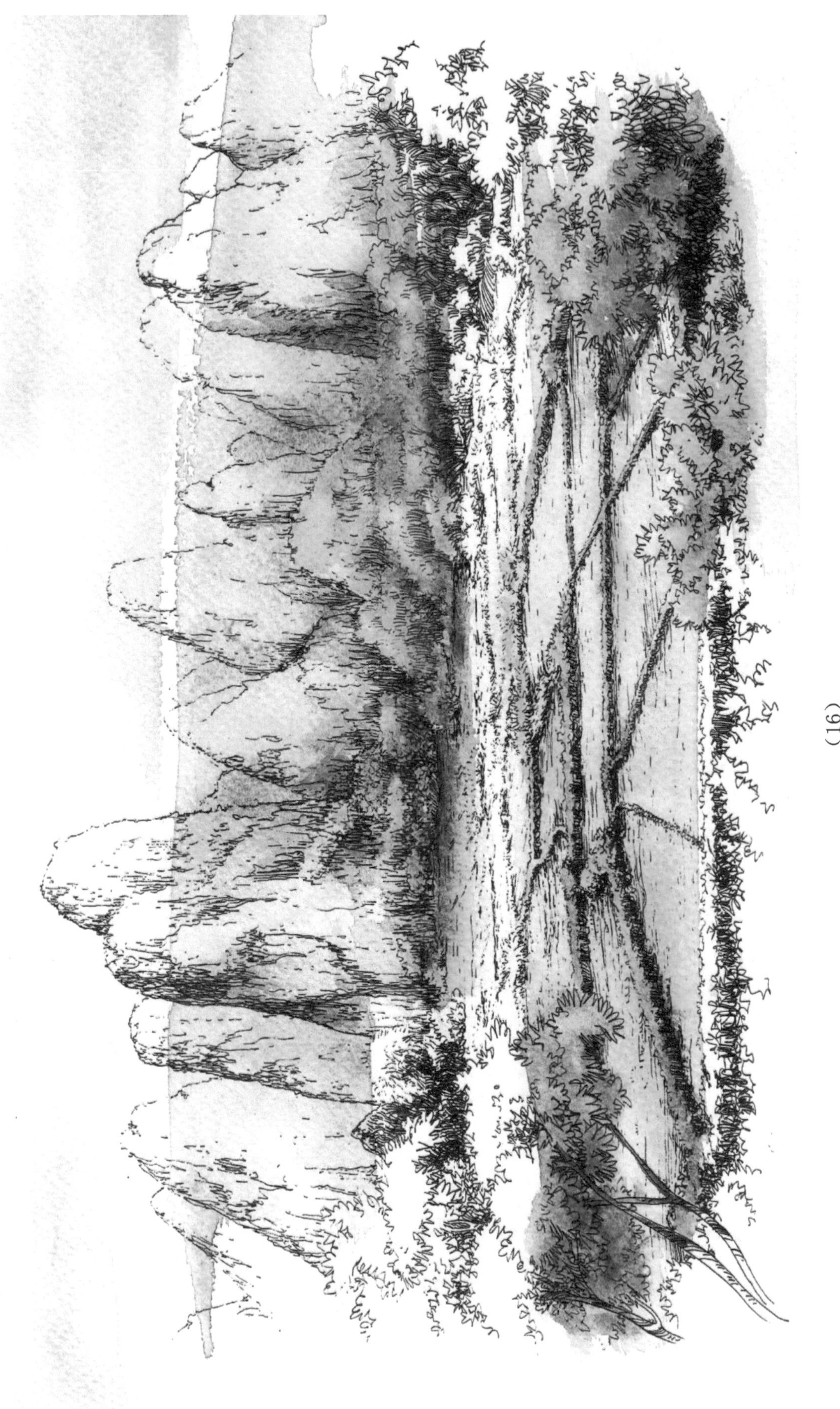

（16）

（17）

（18）

（19）

（20）

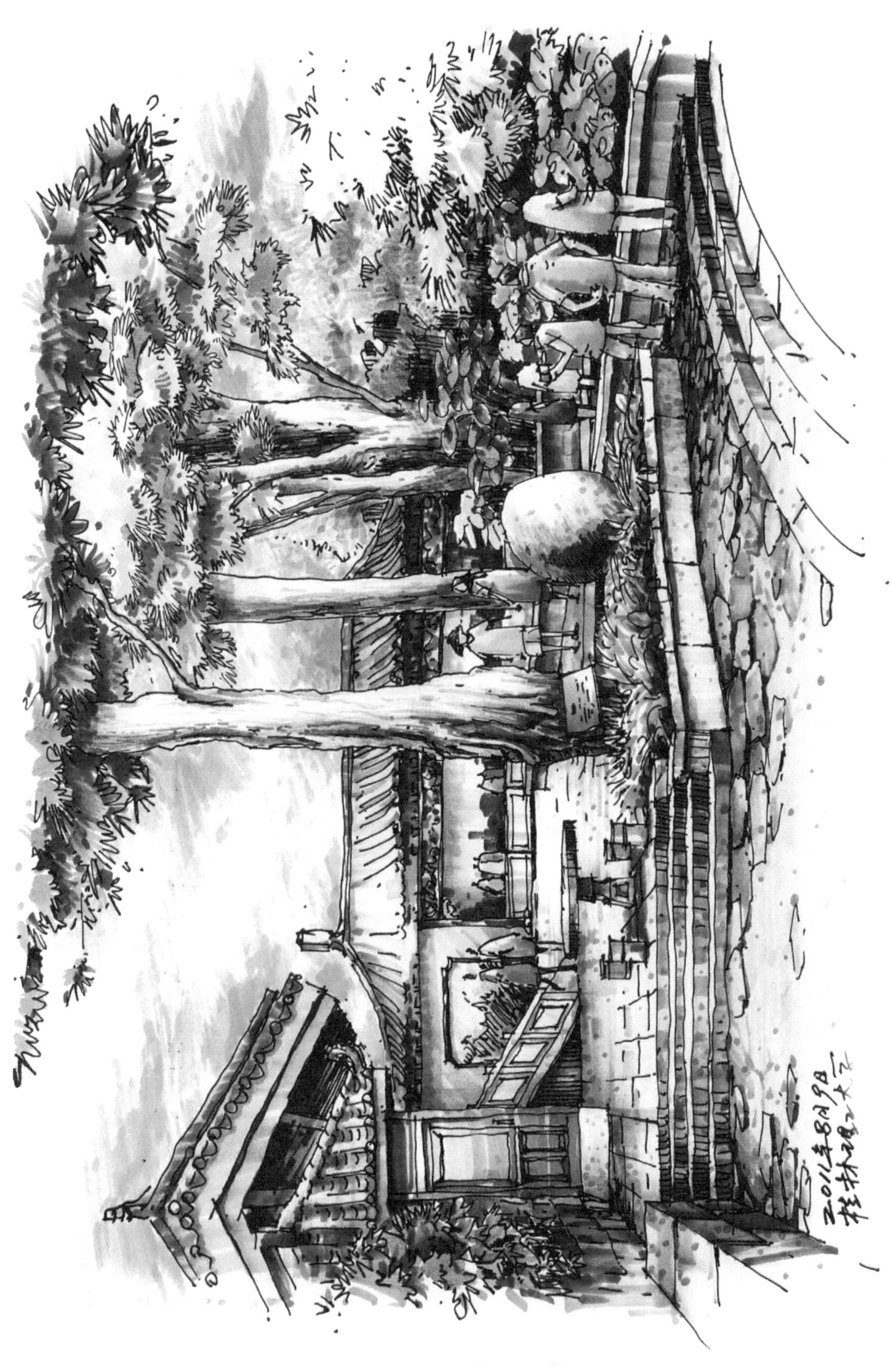

（21）

（22）

（23）

(24)

（25）

（26）

（27）

（28）

（29）

（30）

（31）

（32）

（33）

文昌阁
文昌阁位于
旧州街以东
约一公里，阁
建于鹅泉河中
的小岛上，是一座
四角型三层高的古阁，
建于明清时代，矗立水中，
犹如绿带上镶着的明珠。
二零一四年十二月二十七日
桂林理工大学

（34）

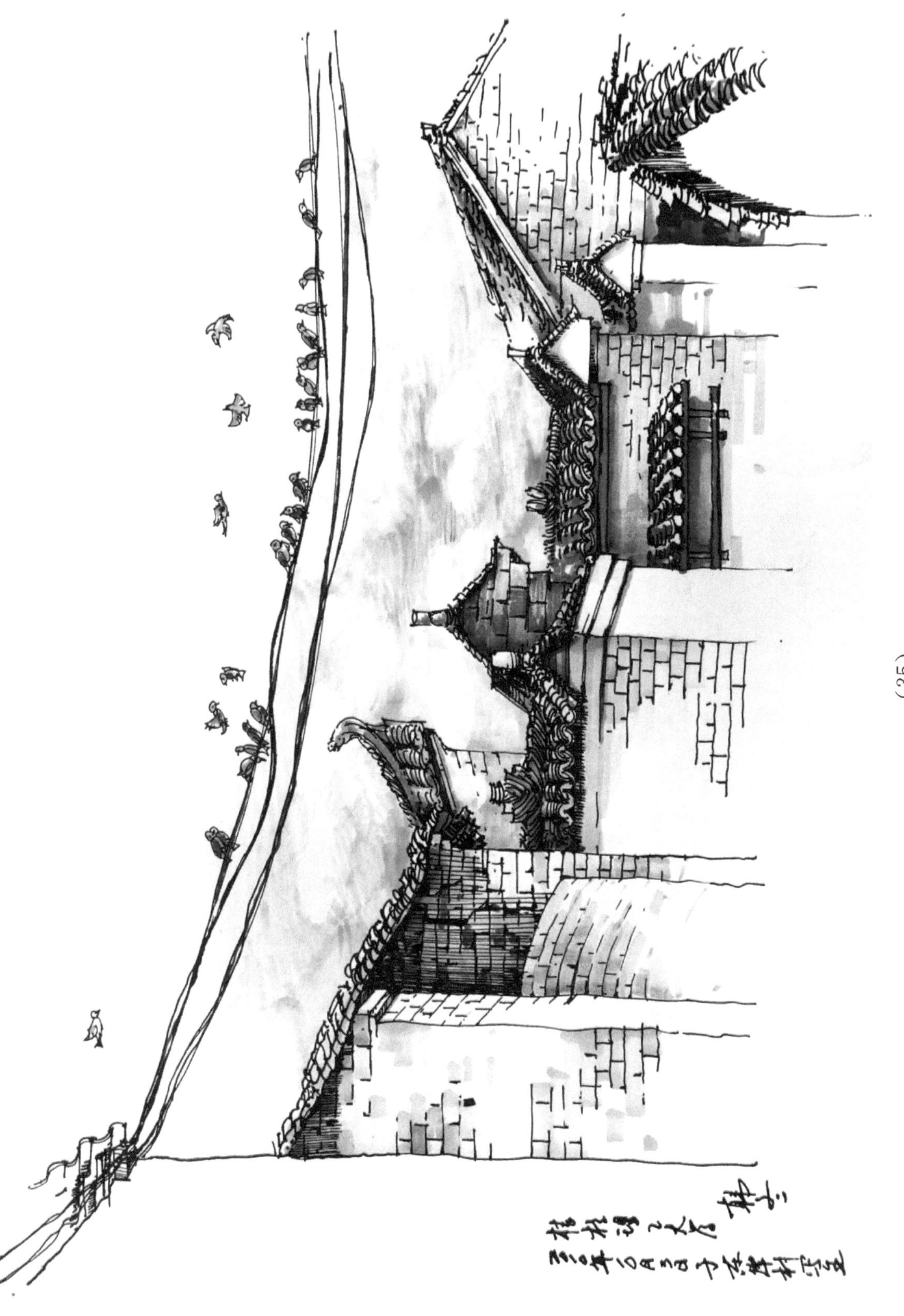

（35）

（36）

图5-1　写生作品

（1）

（2）

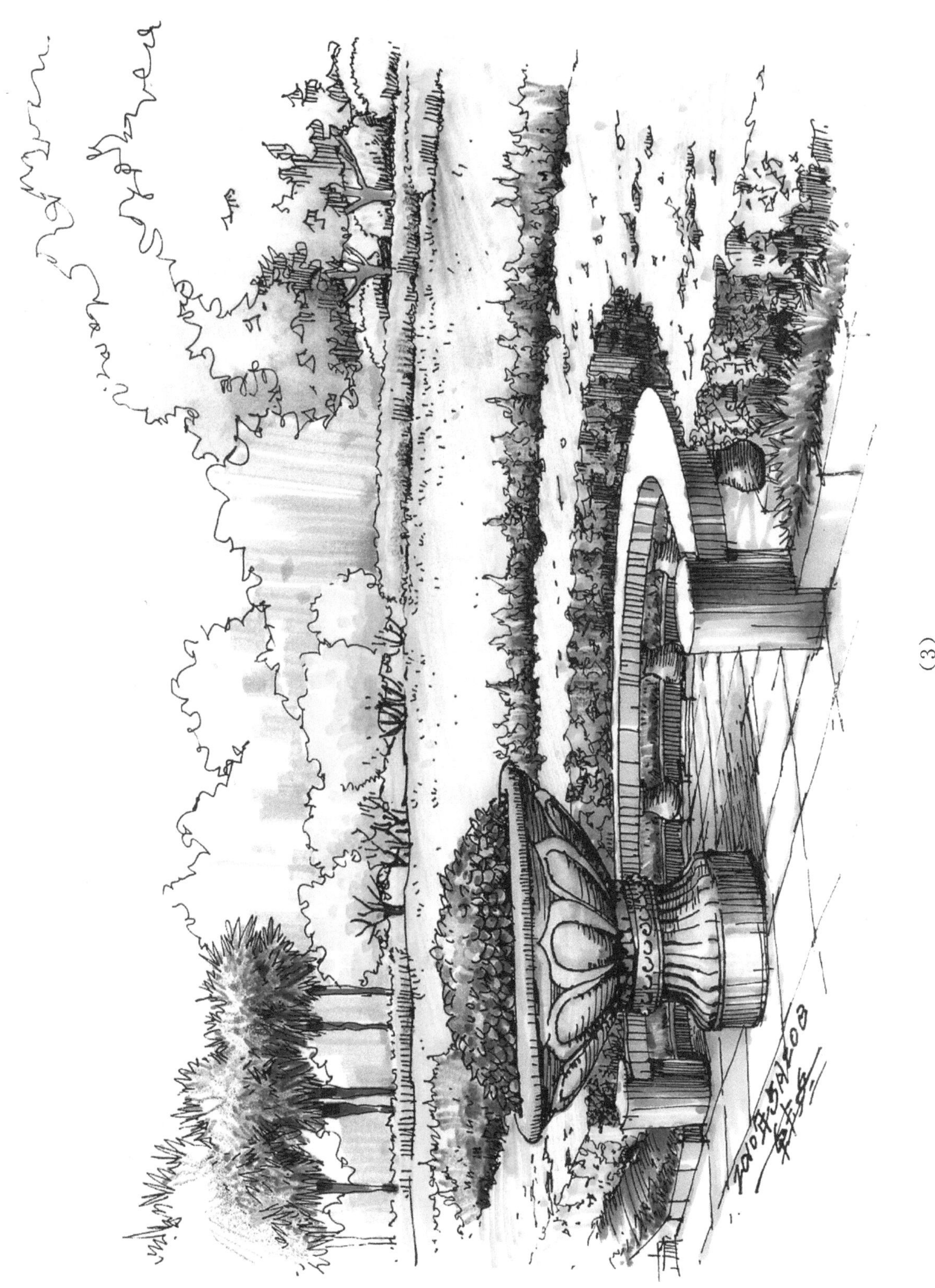

（3）

（4）

图 5-2　设计作品

图 5-3 是一些笔者将其称为“随想”的画作，我们在生活中会遇到很多事物，有些你会觉得它们很美，有些你会觉得它们很奇怪，有些虽然很平常但你很喜欢，还有些只是出现在你的梦中……那么我们可以随意地想，随意地把它们表现出来，不一定要有什么意义，只是为了取悦自己。

我们每个人都应该有一个自己的世界，活出自己在这个世界里的样子，我们没有理由不去爱这个世界，都会用不同的方式去记录它，如果你喜欢画画，那就把它画下来，画出自己喜欢的一切，也许最开始你不知道在画什么？为什么而画？但是你画着画着就会找到自己的方向，确定自己一生的使命，我想有了使命感后活在这个世界上才最幸福。

（1）

（2）

（3）

（4）

图 5-3　随想